中等职业教育公共课系列教材

信息技术
实训指导

主　编　许　瑞　钟雪莹
副主编　刘　磊　徐艳君
　　　　赵东辉　任旭光

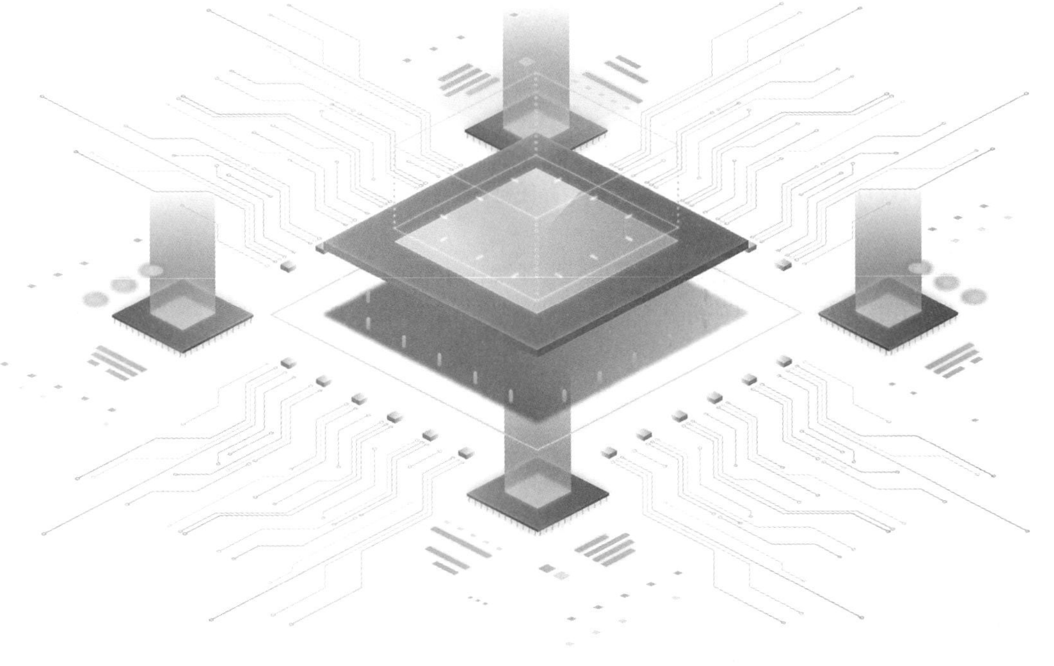

中国轻工业出版社

图书在版编目（CIP）数据

信息技术实训指导 / 许瑞，钟雪莹主编. —北京：中国轻工业出版社，2022.7

中等职业教育公共课系列教材

ISBN 978-7-5184-3929-4

Ⅰ.①信… Ⅱ.①许… ②钟… Ⅲ.①电子计算机—中等专业学校—教学参考资料 Ⅳ.①TP3

中国版本图书馆 CIP 数据核字（2022）第 051604 号

责任编辑：崔丽娜　　责任终审：李建华

整体设计：锋尚设计　　责任校对：吴大朋　　责任监印：张　可

出版发行：中国轻工业出版社（北京东长安街6号，邮编：100740）

印　　刷：三河市国英印务有限公司

经　　销：各地新华书店

版　　次：2022年7月第1版第1次印刷

开　　本：787×1092　1/16　印张：13

字　　数：300 千字

书　　号：ISBN 978-7-5184-3929-4　定价：39.00元

邮购电话：010-65241695

发行电话：010-85119835　传真：85113293

网　　址：http://www.chlip.com.cn

Email：club@chlip.com.cn

如发现图书残缺请与我社邮购联系调换

211189J3X101ZBW

前 言

随着信息技术的不断发展，以信息技术为核心的新技术给人类社会带来日新月异的变化，信息技术已经成为先进生产力的代表，是经济社会发展的重要驱动力，建设网络强国的战略支撑。提高全民信息素养，提升全社会信息化水平，对个人、国家和社会的发展具有重大意义。中等职业学校致力于培养高素质劳动者和技能型人才，通过信息技术课程的学习，学生能够掌握必备信息技术知识和基本技能，增强信息意识，发展计算思维，提高数据化学习与创新能力，树立正确的信息社会价值观，形成良好的信息素养，为今后的职业生涯发展培养所必备的信息能力。

本教材是中等职业教育课程改革国家规划教材的配套实训教材，根据教育部最新颁布的2020年版《中等职业学校信息技术标准》内容进行编写，围绕信息技术课程实训教学目标，提升学生的信息素养，增强学生的信息意识，使学生了解信息社会的内涵，遵循信息社会的伦理道德及信息安全准则，强调运用信息技术获取、加工、分析与表达信息的能力。在教材编写过程中围绕以立德树人的宗旨，落实信息技术课程的思政教育，突出职业教育的特色，案例选取贴近中职学生的生活和职业场景，实训项目以利用信息技术解决学习、工作、生活中常见问题为核心，使教学过程呈现“做中学、做中教”，注重提高学生的创造性思维和发展思维。

本教材包括信息技术应用基础、网络应用、图文编辑、数据处理、程序设计入门、数字媒体技术应用、信息安全基础和人工智能初步八个单元。通过各个单元的实训项目、实训目标，引导学生完成学习任务，将知识内化和吸收。

本教材编写以理论与实践结合的方式，采用项目引导、实训任务驱动的方式，依据信息技术课程标准将每个单元的教学内容按知识结构归纳成若干实训项目，每个项目分为若干子任务，通过知识点进行引导并配以相应的实训操作内容，让学生逐步完成实训项目，掌握所学知识，实现理论知识与实践操作的结合。本教材的实训内容以及案例经过精心挑选和编排，体现中职教育特色，强调学生的动手操作和主动探究能力，提升学生的学习兴趣和学习主动性。

依据2020版《中等职业学校信息技术标准》，本教材各单元学时安排建议如下：

教学内容	学时
第一单元　信息技术应用基础	16
第二单元　网络应用	16
第三单元　图文编辑	20
第四单元　数据处理	18
第五单元　程序设计入门	12
第六单元　数字媒体技术应用	16
第七单元　信息安全基础	6
第八单元　人工智能初步	4
合　计	108

本教材编者全部来自沈阳市装备制造工程学校，由许瑞、钟雪莹担任主编，刘磊、徐艳君、赵东辉、任旭光担任副主编。其中钟雪莹负责第一单元至第三单元内容的编写；许瑞负责第四单元至第八单元内容的编写；刘磊和徐艳君负责前期素材的搜集与准备；赵东辉和任旭光负责后期文案整理与校对工作。全书由许瑞、钟雪莹负责统稿。本教材在编写过程中引用了很多专家及学者的著作和部分网络资源，在此一并表示感谢。

由于编者水平有限，本教材难免存在不足之处，希望大家在教材的使用过程中，能够及时提出意见和建议，以便能够进一步完善本教材，对此我们将深表感谢。读者意见反馈邮箱：x849840888@163.com。

编者

2022年2月

目 录

第一单元 信息技术应用基础…………1

实训项目一 走进信息时代…………2
实训项目二 认识信息系统…………4
实训项目三 选配信息设备…………8
实训项目四 使用操作系统…………11
实训项目五 管理信息资源…………17
实训项目六 维护信息系统…………22

第二单元 网络应用…………25

实训项目一 走进网络社会…………26
实训项目二 配置网络…………28
实训项目三 获取网络资源…………31
实训项目四 进行网络交流…………33
实训项目五 运用网络工具…………38
实训项目六 探索物联网…………43

第三单元 图文编辑…………44

实训项目一 图文编辑入门…………45
实训项目二 设置文档格式…………51
实训项目三 设置页面格式…………59
实训项目四 图文混合排版…………68
实训项目五 表格制作编辑…………76
实训项目六 图文表混排及打印输出…………86
实训项目七 文档创编进阶…………90

第四单元 数据处理…………95

实训项目一 认识数据…………96

实训项目二　数据输入…… 99
实训项目三　电子表格的基本操作…… 103
实训项目四　格式化电子表格…… 106
实训项目五　数据计算…… 110
实训项目六　加工数据…… 114
实训项目七　分析数据…… 119
实训项目八　初识大数据…… 123

第五单元　程序设计入门…… 125

实训项目一　初识程序设计…… 126
实训项目二　Python的编程环境…… 129
实训项目三　Python语言基础…… 133
实训项目四　选择结构程序…… 138
实训项目五　循环结构程序…… 142
实训项目六　自定义函数…… 146
实训项目七　简单算法及程序实现…… 148

第六单元　数字媒体技术应用…… 152

实训项目一　认识数字媒体技术…… 153
实训项目二　制作简单的数字媒体作品…… 157
实训项目三　设计演示文稿…… 164
实训项目四　初识虚拟现实与增强现实…… 177

第七单元　信息安全基础…… 181

实训项目一　信息安全常识…… 182
实训项目二　防范信息系统恶意攻击…… 186

第八单元　人工智能初步…… 194

实训项目一　初识人工智能…… 195
实训项目二　探寻机器人…… 198

参考文献…… 202

第一单元

信息技术应用基础

- 实训项目一　走进信息时代
- 实训项目二　认识信息系统
- 实训项目三　选配信息设备
- 实训项目四　使用操作系统
- 实训项目五　管理信息资源
- 实训项目六　维护信息系统

实训项目一
走进信息时代

实训目的

- 了解信息技术的发展历程，能描述信息技术在当今社会的典型应用，以及对人类社会生产、生活方式的影响；
- 了解信息社会的特征和相应的文化、道德和法律常识，在信息活动中自觉践行社会主义核心价值观；
- 了解信息社会的发展趋势和智慧社会的前景。

实训内容

任务1 了解信息技术的发展历程

上网查询“结绳记事”（图1-1）及“算筹”（图1-2）的历史由来。

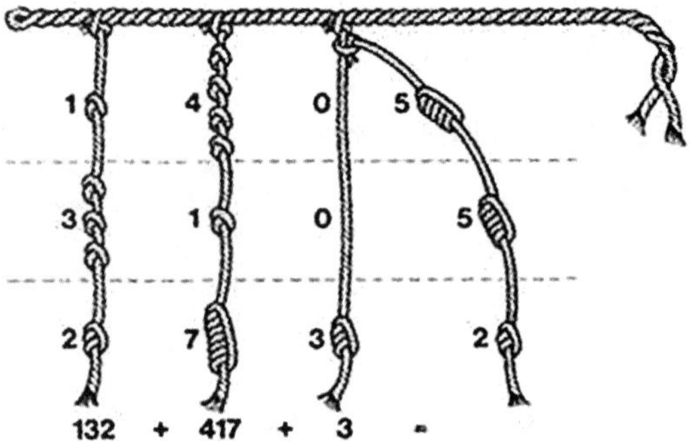

图1-1 结绳记事

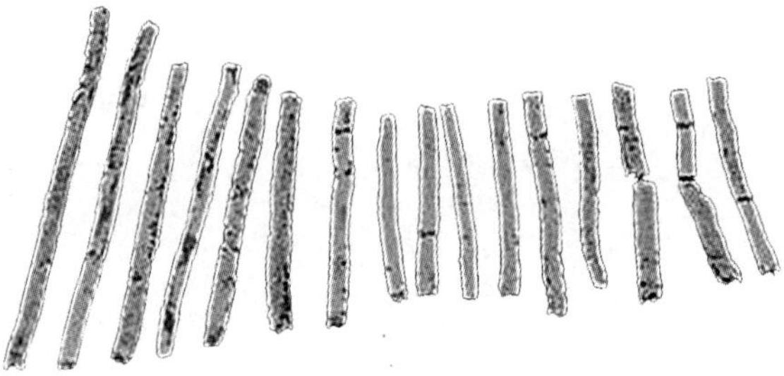

图1-2 算筹

操作练习

请叙述信息技术的发展历程。

任务2 上网查询世界上第一台计算机的相关信息

请上网查询世界上第一台计算机的主要参数（表1-1），了解计算机发展历程的几个阶段。

表 1-1　世界上第一台计算机的主要参数

中文名称	世界上第一台计算机	占地面积	约170平方米
别名	埃尼阿克（ENIAC）	重量	30余吨
发明国家	美国	电子管个数	18000个
诞生时间	1946年	运算速度	5000次加法/秒
主要元器件	电子管	耗电量	140千瓦

通过上网查询第一台计算机的主要参数，了解计算机发展的几个阶段：

第一代计算机_______________；第二代计算机_______________；

第三代计算机_______________；第四代计算机_______________。

任务3　上网查询信息技术新名词并记录查询信息（表1-2）

表 1-2　信息技术的新名词及含义

名词	含义
“互联网+”	
云计算	
大数据	
虚拟现实	
区块链	
3D打印	
量子计算	
物联网	

任务4　上网查询信息技术有关的道德和法律要求（表1-3）

表 1-3　有关信息技术的法律法规

法律法规名称	施行时间	涵盖的信息活动范围和领域
《中华人民共和国网络安全法》		
《中华人民共和国电子商务法》		
《中华人民共和国密码法》		
《计算机软件保护条例》		

拓展训练

1．以“人工智能系统”为例，上网查询信息技术的应用及对人们生产生活方式的影响。

2．结合身边案例，上网搜索智慧校园的形态，展望智慧社会的前景。

实训项目二

认识信息系统

实训目的

- ↘ 了解身边的信息系统及信息系统的组成要素；
- ↘ 认识计算机的主要硬件设备及内部结构，了解计算机的工作流程；
- ↘ 会利用计算器进行二进制、十进制及十六进制之间的转换；
- ↘ 会查询计算机、移动终端等的存储容量，并能对存储容量进行相关的计算；
- ↘ 了解信息编码的种类，并能使用二维码生成工具制作自己的专属二维码。

实训内容

任务1 列举自己身边的信息系统（图1-3），并举例说明其使用过程

请指出图1-3中的各图标所代表的信息平台名称及功用分别是什么。

图1-3　身边的信息系统

任务2 认识计算机的主要硬件设备及内部结构

1 认识计算机系统的主要硬件设备，并简述信息处理的基本流程

请识别图1-4至图1-8中信息技术设备的名称，完成以下内容填写。

计算机主机内部的设备有：图________________；图________________________。

图1-6常用的外存储器包括：____。

图1-7常用的输入设备包括：____。

图1-8常用的输出设备包括：____。

请对照图1-9，简述信息处理的基本流程。

图1-4　中央处理器（CPU）

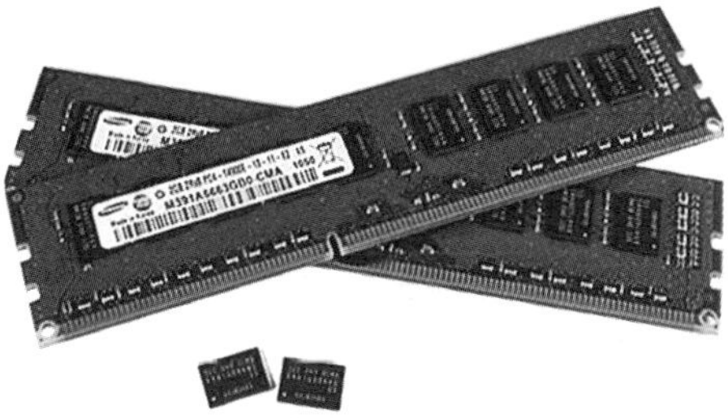

图1-5　内存条与内存芯片

图1-6　常用的外存储器

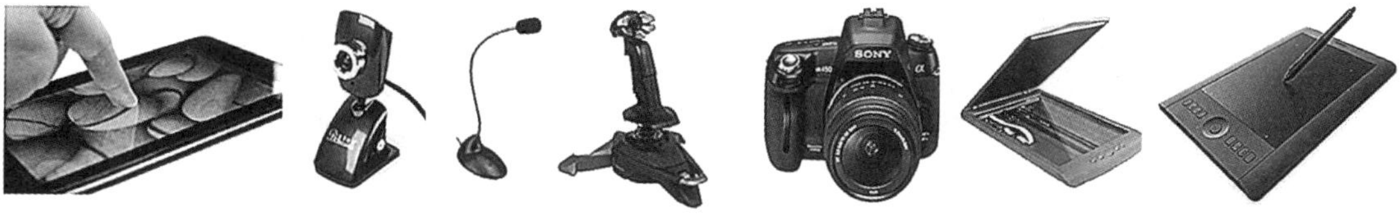

图1-7　常用的输入设备

图1-8　常用的输出设备

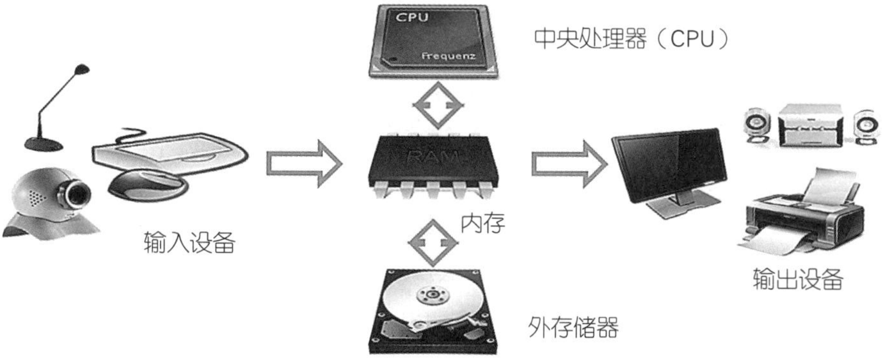

图1-9　信息处理的基本流程

2 台式计算机硬件设备组成及内部结构和编号图示对照（图1-10至图1-13）

请将图1-10至图1-13中的信息技术设备编号填写到表1-4中对应编号位置。

图1-10　台式计算机的外部结构

图1-11　台式计算机的内部结构

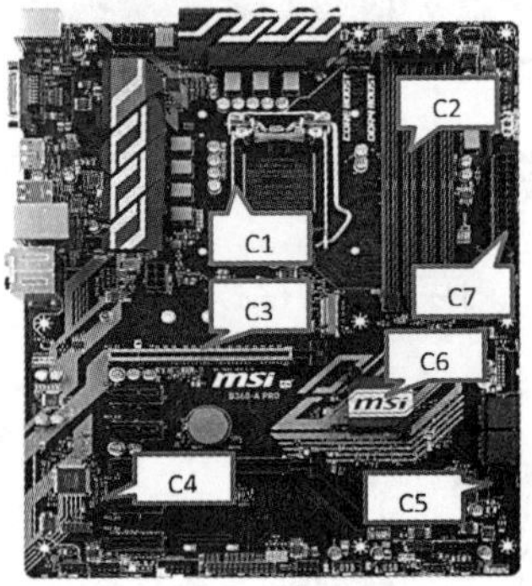

图1-12　台式计算机的主板结构图

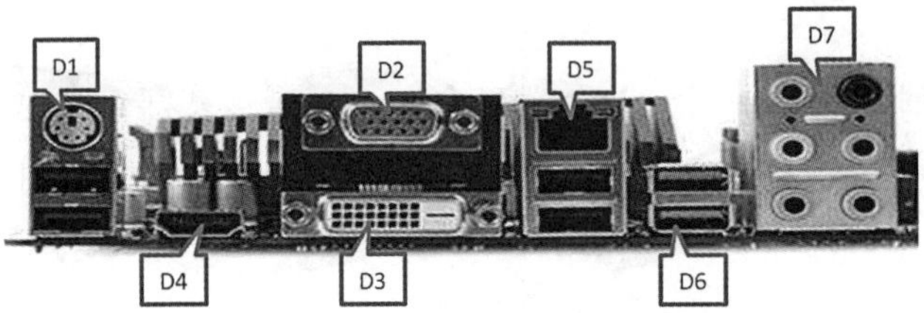

图1-13　台式计算机主板外部设备接口

表 1-4　台式计算机设备的硬件结构

设备名称	硬件名称	对应编号	设备名称	硬件名称	对应编号
台式计算机（图1-10）	主机		台式计算机主板外部设备接口（图1-13）	PS/2键盘鼠标接口	
	显示器			核心或集成显卡VGA接口	
	键盘			核心或集成显卡DVI接口	
	鼠标			核心或集成显卡HDMI接口	
	音频设备			网线接口	
				USB接口	
				音频输入输出接口	

续表

设备名称	硬件名称	对应编号	设备名称	硬件名称	对应编号
台式计算机主机结构（图1-11）	CPU		台式计算机主板结构（图1-12）	CPU插槽	
	内存条			内存插槽	
	显卡			独立显卡插槽	
	主板			扩展插槽	
	硬盘			硬盘、光驱数据接口	
	光驱			控制电路芯片	
	电源			供电插口	

任务3 利用计算器进行进制之间的转换

①在Windows 10系统中，单击“开始”按钮，在“开始菜单”中，单击“计算器”，打开计算器窗口；

②单击“打开导航”，在下拉菜单中选择“程序员”模式。

③完成以下进制转换：

$(29)_{10}=(\quad)_{2}=(\quad)_{16}$　　$(78)_{10}=(\quad)_{2}=(\quad)_{16}$

$(255)_{10}=(\quad)_{2}=(\quad)_{16}$　　$(128)_{10}=(\quad)_{2}=(\quad)_{16}$

任务4 查询计算机及移动终端等信息技术设备的存储容量

1 查询本地硬盘Windows（C：）的存储情况

在Windows 10桌面上，双击“此电脑”图标，打开“此电脑”窗口，在Windows（C：）图标上单击鼠标右键，在快捷菜单中单击“属性”命令后，如图1-14（a）所示。

2 查询自己的手机存储情况，如图1-14（b）所示

（a）磁盘C存储容量显示　　（b）手机SanDisk存储卡存储显示

图1-14　信息设备存储容量查询显示

拓展训练

1．使用二维码生成工具，制作自己的个人信息二维码（信息为：学校+班级+姓名）。

2．上网查询自己所在城市高清摄像头数量，如果每个摄像头每小时产生的数据量是4GB，这个城市每天产生的数据量是多少TB？每年产生的数据量是多少PB？

实训项目三 选配信息设备

实训目的

- 了解常见信息技术设备的类型，并能根据需要选用合适的设备；
- 会正确连接计算机、移动终端和常用外围设备，并能将常用信息技术设备接入互联网；
- 了解常见信息技术设备基本设置方法，会进行系统、设备、语言（输入法）等配置。

实训内容

任务1 了解信息技术设备及性能参数

1 借助专业网站对比分析，通过实践掌握设备选型的方法，理解性价比等概念，了解其主要性能指标及含义，如图1-15所示。

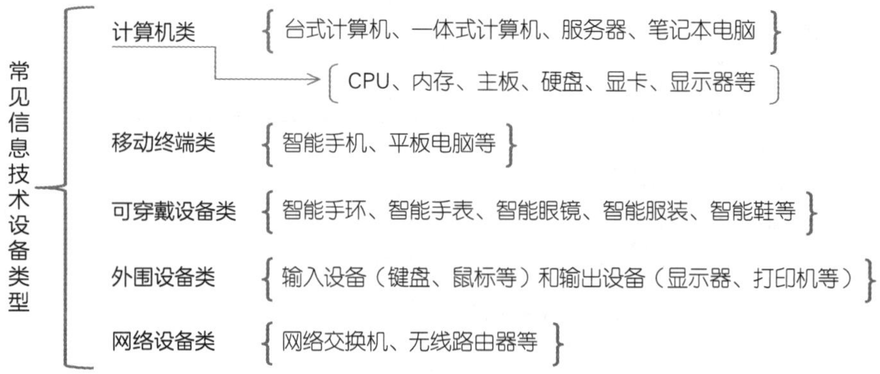

图1-15　常见信息技术设备类型

2 利用信息技术产品专业网站（IT168、太平洋电脑网、天极网等），选择一种信息技术设备，完成设备选型，填写性能指标分析和采购预算情况（表1-5）。

表 1-5　计算机硬件配置

设备类型	主要部件	型号	规格	预算价格
计算机选购类型： □台式计算机 ☑笔记本 □平板电脑 品牌： 型号：	CPU			
	内存			
	主板			
	硬盘			
	显卡			
	光驱			
	键盘/鼠标			
	显示器			
打印设备	打印机			

任务2　观察实训室信息技术设备的常见接口类型并进行连接操作

1 计算机的外部设备接口（图1-16）

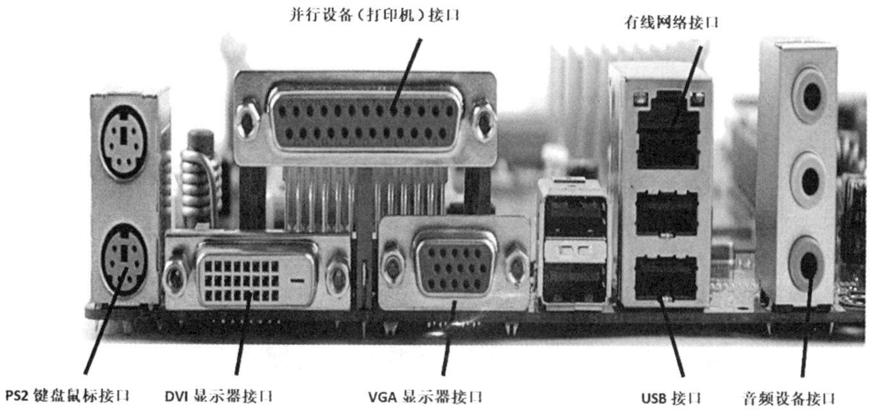

图1-16　计算机的外部设备接口

2 显示设备接口类型（图1-17）

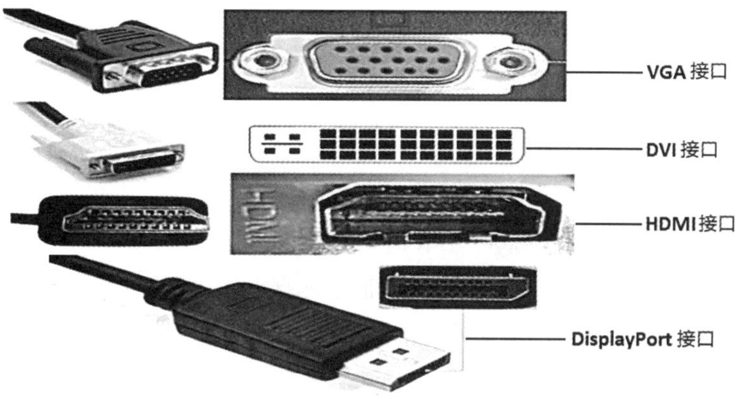

图1-17　显示设备接口类型

3 有线网络接口（图1-18）

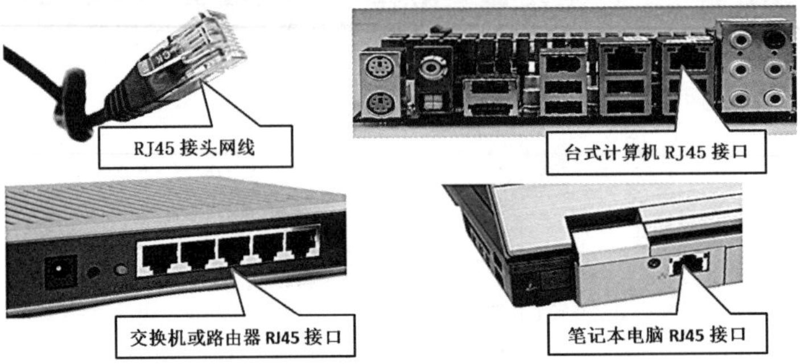

图1-18　RJ45网线及接口

任务3 常用信息技术设备基本设置操作

1 设置显示属性（Windows 10）

方法1　单击“开始”按钮，打开“设置”｜“个性化”，如图1-19所示。

方法2　鼠标右击桌面空白处，在快捷菜单中单击“个性化”，打开“个性化”设置。

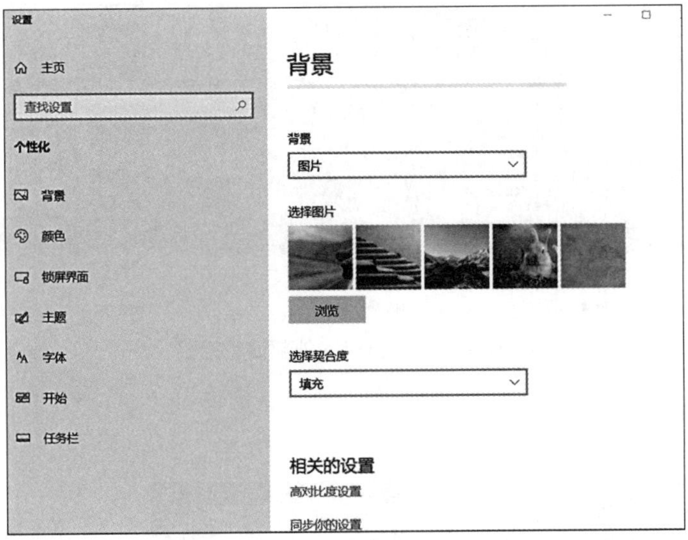

图1-19　个性化设置

操作练习

在“个性化设置”窗口中，完成以下操作：

（1）更改桌面图标——在桌面上添加计算机、控制面板、网络图标。

（2）设置桌面背景——分别将桌面背景设置为图片、纯色、幻灯片放映效果。

（3）设置屏幕保护程序——设置屏幕保护程序为气泡，等待时间为5分钟。

2 调整系统日期和时间

单击“开始”｜“设置”｜“Windows设置”窗口｜“时间和语言”，如图1-20所示。

3 设置语言和输入法

在图1-20中，分别单击“区域”和“语言”，可进行语言和输入法设置操作。

4 设置鼠标操作

单击“开始”｜“设置”｜“Windows设置”窗口｜“设备”，如图1-21所示。

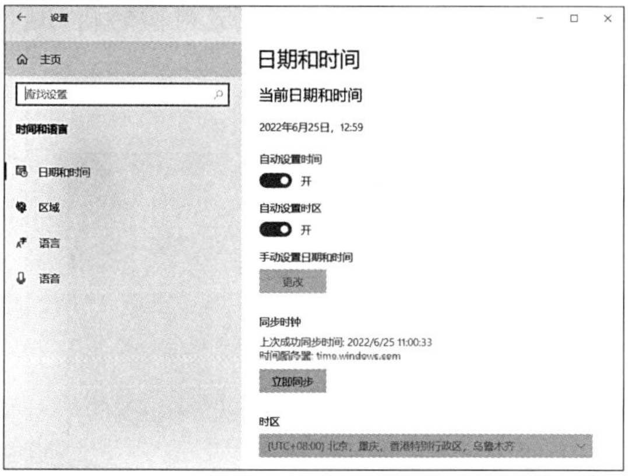

图1-20　时间和语言设置

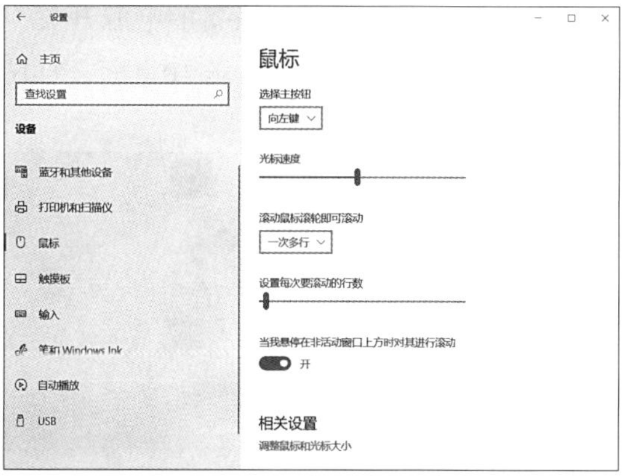

图1-21　鼠标设置

拓展训练

1. 通过上网查询信息，为自己未来的学习和工作编制一份信息技术设备配备计划。
2. 观察家中使用的信息技术设备，并进行实际连接操作。

实训项目四　使用操作系统

实训目的

- 了解主流操作系统用户界面及窗口和对话框的区别；
- 能熟练运用中文输入法进行文本和常用字符输入；
- 会利用控制面板工具安装、卸载应用程序和驱动程序；
- 了解操作系统自带的常用程序的功能和使用方法。

实训内容

任务1 Windows 10的基本操作

1 Windows 10的启动与退出

（1）Windows 10的启动

先打开显示器等外部设备的电源开关，再打开主机开关，计算机在完成自检后自动启动Windows 10，进入Windows 10桌面，如图1-22所示。

图1-22　Windows 10桌面

（2）Windows 10的退出

退出Windows 10之前，需要关闭所有打开的窗口。单击“开始”按钮，单击“电源”|“关机”，即可退出Windows 10操作系统。最后，关闭显示器等外设电源。

单击“电源”按钮，选择“睡眠”选项，计算机将处于低功耗状态，显示器和硬盘自动关闭，需要继续使用计算机时只需移动一下鼠标，即可使系统恢复到用户登录状态；选择“重启”选项，将关闭计算机并重新启动计算机。

2 鼠标的操作方法

目前常用的鼠标多为光电式，鼠标的基本操作有指向、单击、双击、右击、拖动及滚动等，如图1-23所示。

3 Windows 10桌面图标的显示与排列

（1）添加或删除常用的桌面图标

操作方法：右击桌面，单击“个性化”|“主题”|“桌面图标设置”，如图1-24所示。

指向	• 移动鼠标，将屏幕光标符号移动至屏幕的一个对象上
单击	• 移动光标至屏幕的一个对象上，并在其位置上按下鼠标左键并快速放开
双击	• 移动光标至屏幕的一个对象上，并在其位置上快速连续点击鼠标左键两次
右击	• 移动光标至屏幕的一个对象上，并在其位置上按下鼠标右键并快速放开
拖动	• 移动光标至屏幕的一个对象上，按下鼠标左键不放，移动光标至新的位置后松开鼠标左键
滚动	• 转动鼠标中间的滚轮，移动操作对象的上下位置

图1-23　鼠标的几种基本操作

操作练习

将“此电脑”“网络”和“控制面板”的图标添加到桌面上。

图1-24　“桌面图标设置”对话框

（2）删除桌面上图标。

右击该图标并选择“删除”命令，即可删除该图标。如果该图标是快捷方式，则只会删除该快捷方式，所对应的应用程序不会被删除。

（3）排列图标

在桌面中的空白处单击鼠标右键，弹出如图1-25所示的桌面快捷菜单，在“排序方式”级联菜单中选择按名称、大小、项目类型和修改日期排列图标。另外，也可以让Windows自动排列图标。

具体操作方法：右击桌面上的空白区域，在弹出的快捷菜单中选择“查看”|“自动排列图标”命令（图1-26），Windows将图标排列在左上角并将其锁定在此位置。若要对图标解除锁定，则再次单击“自动排列图标”，去掉前面的“√”，这时可以左键拖动图标到桌面的其他位置实现手动排列图标。

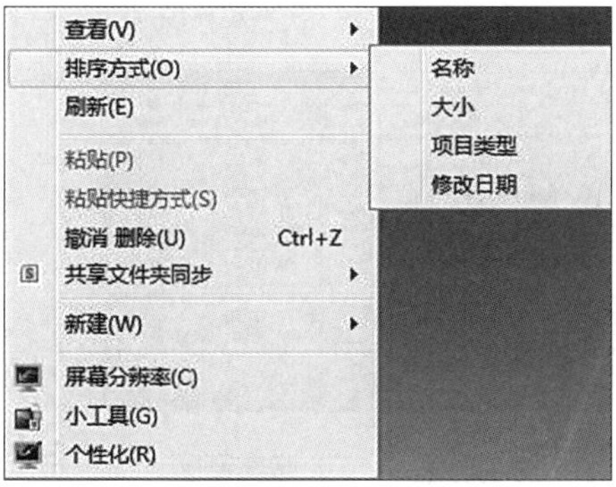

图1-25　“排序方式”级联菜单

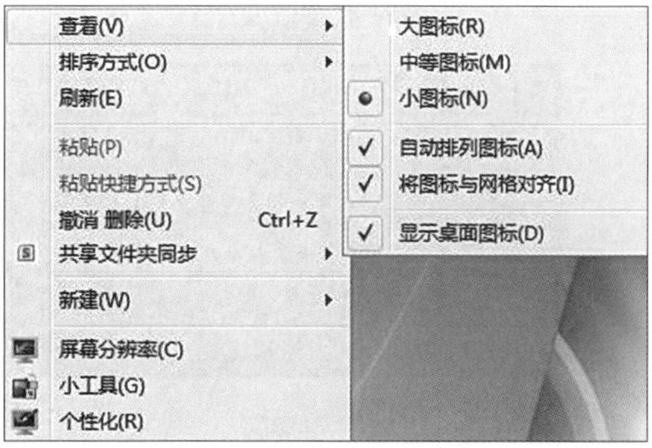

图1-26　自动排列图标

（4）隐藏桌面图标

右击桌面上的空白区域，在弹出快捷菜单的“查看”级联菜单中单击“显示桌面图标”清除复选标记，则所有的图标将被隐藏。同样，可以通过再次单击“显示桌面图标”选项来显示图标。

4 任务栏的属性设置

在任务栏的空白处右击鼠标，并选择“任务栏设置”命令，弹出如图1-27所示的对话框，在其中可以对任务栏的位置进行重新定义，也可以选择自动隐藏任务栏等。

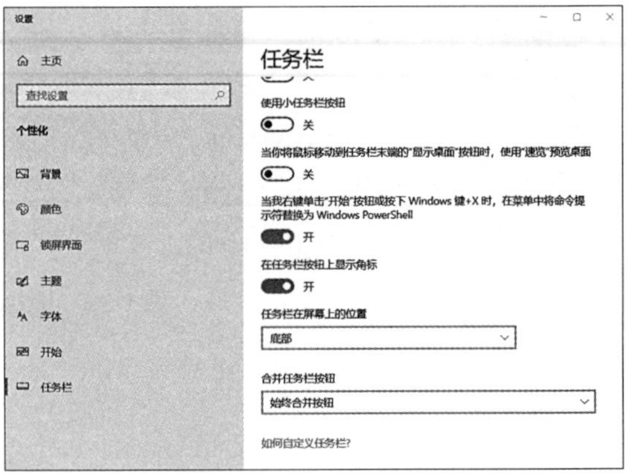

图1-27　任务栏设置

5 窗口的排列方式

窗口排列方式包括：①层叠窗口；②堆叠显示窗口；③并排显示窗口。

操作练习

任意打开三个应用程序窗口，在“任务栏”空白处单击鼠标右键，弹出“任务栏”快捷菜单，选择不同的窗口排列方式，观察显示结果有什么不同。

任务2 键盘的基本操作

1 键盘功能布局介绍

键盘作为计算机的标准输入设备，每个操作计算机的人都应熟练使用，并掌握准确的操作方法。

（1）键盘布局

键盘分为主键盘区、功能键区、控制键区、数字键区和状态指示区，如图1-28所示。

①主键盘区：是键盘中的主体部分，共有61个键位，其中包括26个字母键、10个数

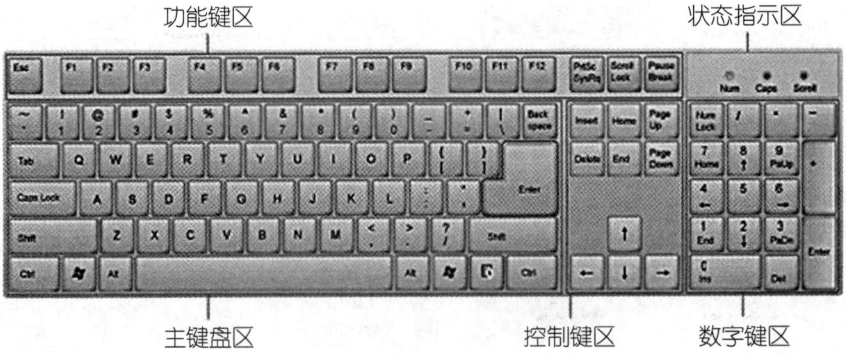

图1-28　键盘布局

字键、21个符号键和4个控制键，用于输入数字、文字、符号等。

②功能键区：是键盘最上面的一排键位，其中包括取消键Esc、特殊功能键F1 ~ F12和屏幕打印键Print Screen、滚动锁定键Scroll Lock、暂停键Pause Break。

③控制键区：位于主键盘区的右侧，主要用于对光标进行移动操作。

④数字键区：位于控制键区的右侧，主要用于输入数字以及加、减、乘、除等运算符号。数字键适合处理大量数字的人员使用，如银行职员或收银员等。

⑤状态指示区：在数字键区上方还有Num Lock数字键盘的锁定灯、Caps Lock大写字母锁定灯和Scroll Lock滚屏锁定灯3个状态指示灯。

（2）键盘常用键的作用

键盘常用键的作用如表1-6所示。

表 1-6　键盘常用键的作用

按键	名称	作用
Space	空格键	按一下产生一个空格
Backspace	退格键	删除光标左边的字符
Shift	换挡键	同时按住Shift键和具有上下挡字符的键，输出上挡的字符
Ctrl	控制键	与其他键组合成特殊的控制键
Alt	控制键	与其他键组合成特殊的控制键
Tab	制表定位	按一次，光标向右移动8个字符位置
Caps Lock	大小写转换键	Caps Lock灯亮为大写状态，否则为小写状态
Enter	回车键	命令确认，且光标定位到下一行
Insert	插入覆盖转换键	插入状态是在光标左边插入字符，否则会覆盖当前字符
Delete	删除键	删除光标右边的字符
Page Up	向上翻页键	光标定位到上一页
Page Down	向下翻页键	光标定位到下一页
Num Lock	数字锁定转换键	Num Lock灯亮时小键盘数字键起作用，否则为下挡的光标定位键起作用
Esc	取消、退出键	中断、取消操作。比如，单击了某个菜单或调出了某个对话框，又不想做这个操作了，可以按一下该键取消

2 打字的标准姿势和方法

（1）手指的键位分工

在准备操作键盘时，首先应将双手放在基准键位上。如图1-29所示的A、S、D、F、J、K、L和“；”这8个键称为基准键位，其中F和J键称为定位键（键帽上有一个小横杠），其作用是定位左右食指，这样其余3指依次放下就能找到基准键位。

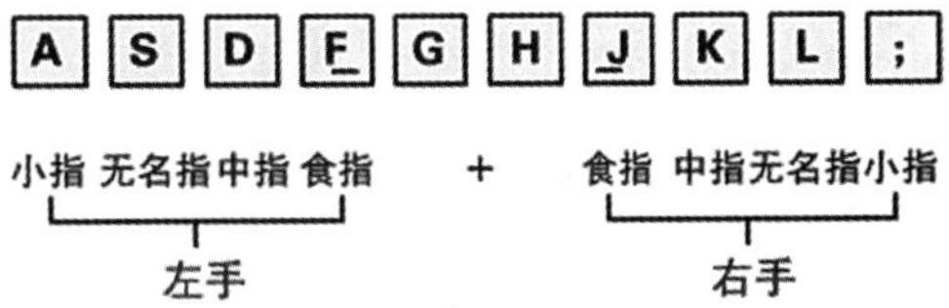

图1-29　基准键位分布

每个手指除了指定的基准键外，还分有其他的键，称为范围键，如图1-30所示。

（2）**键盘输入的正确姿势和要领**

正确的打字姿势：平坐在椅子上，腰背要挺直，身体稍微向前倾斜，两脚自然地平放在地上；使用高度适当的工作台和椅子，便于手工操作；眼睛与显示器的距离一般为30厘米左右；两肘轻贴身体两侧，手指轻放在基准键位上，手腕悬空平直；将文稿放在键盘的左侧，键盘稍向左放置，眼睛要看稿子，不要盯着键盘；身体其他部分不要接触工作台和键盘。

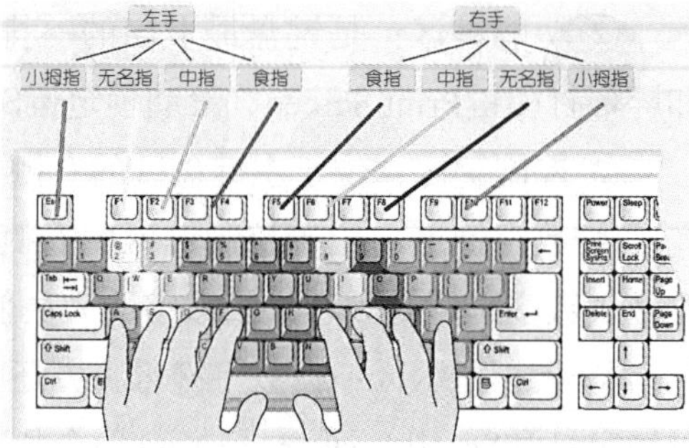

图1-30　指法分区示意图

正确的击键方法：击键而不是按键，击键时力量要适中；手指的全部动作只限于手指部分，手腕要平直，手臂不动；手腕至手指呈弧状，指头的第一关节与键面垂直；击键时以指尖垂直向键位瞬间爆发冲击力，并立即由反弹力返回。击键要迅速、果断，不能拖拉犹豫，操作时要稳、准、快。击键用力部位是指关节，不要手腕用力，可以把指力和腕力结合使用。

任务3　识别窗口与对话框的区别

查看所在实训室的计算机设备上运行的操作系统类型及版本，以“此电脑”应用程序窗口为例，熟悉“此电脑”窗口界面的构成。

操作方法：单击桌面上“此电脑”图标，打开“此电脑”窗口，如图1-31所示。

窗口构成介绍：标题栏、菜单栏、工具栏、搜索栏、导航窗格、文件显示区、预览窗格、细节窗格、状态栏。在“查看”选项下，可以改变窗口的显示结构、文件及文件夹的显示方式、文件扩展名显示与隐藏等。

对话框的构成：标题栏、选项卡、列表、单选项、筛选框项、命令按钮等，如图1-32所示。

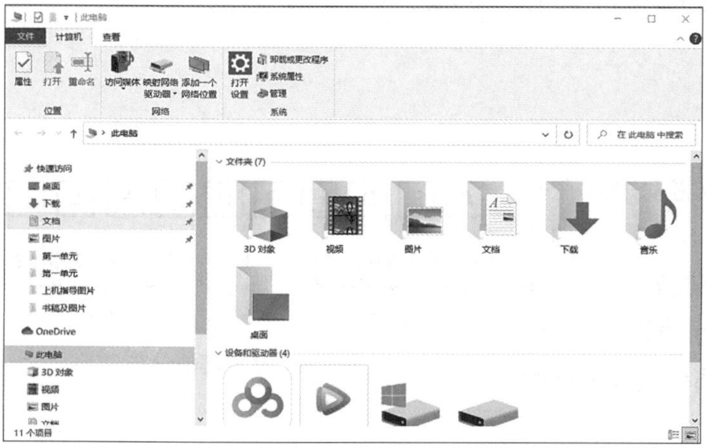

图1-31　“此电脑”窗口

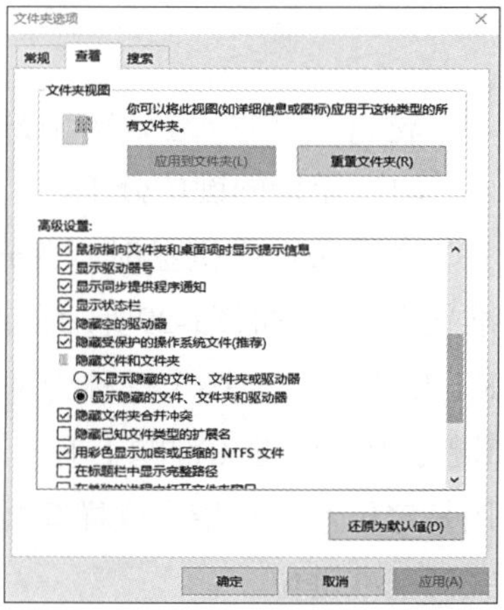

图1-32　“文件夹选项”对话框

任务4 Windows 10系统的记事本、写字板及画图的应用

1 打开记事本应用程序，完成以下操作

①输入26个小写字母换行；

②输入26个大写字母换行；

③输入对应的52个大小字母换行；例如Aa Bb……

④分别用数字小键盘和打字区数字键输入0～9数字换行；

⑤输入以下符号：+ – * / ， 。？ ： ； 、“” ！《》@ # ￥ $ %。

完成以上操作后，以“结果”为文件名保存在桌面上。

2 打开画图窗口，完成以下操作

用屏幕打印键Print Screen打印屏幕，在其窗口中粘贴，并进行简单的编辑，在图片上添加自己的班级和姓名，然后都以文件名“结果”保存到桌面，如图1-33所示。（系统设置为显示已知文件类型的扩展名）

观察思考：比较两个文件的图标是否相同。

任务5 修改和卸载应用程序

单击“开始”|“设置”|“Windows设置”|“应用”|“应用和功能”，如图1-34所示。

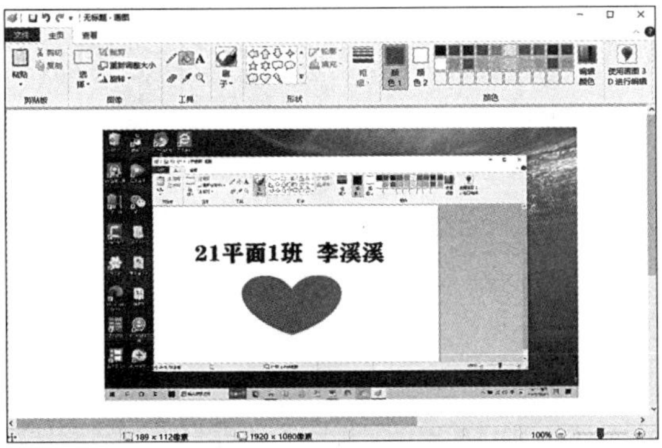

图1-33　画图程序窗口

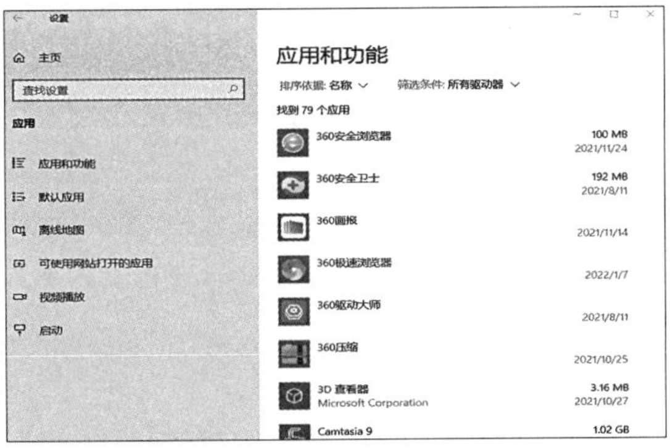

图1-34　修改和卸载应用程序

实训项目五 管理信息资源

实训目的

- 会运用文件及文件夹等对信息资源进行操作管理；

- 能辨识常见信息资源类型，会检索和调用信息资源；
- 会对信息资源进行压缩、加密和备份。

实训内容

任务1 文件及文件夹的操作

对文件及文件夹可进行的操作，如图1-35所示。

单击桌面上“此电脑”图标，打开“此电脑”窗口，对文件和文件夹进行操作。

1 查看及排列文件及文件夹

（1）查看文件及文件夹

打开“此电脑”窗口，单击“查看”选项卡，选择文件及文件夹的显示方式。

（2）文件及文件夹的排列方式

打开“此电脑”窗口，单击“查看”选项卡，单击“排列方式”列表，如图1-36所示。

图1-35　文件和文件夹的操作

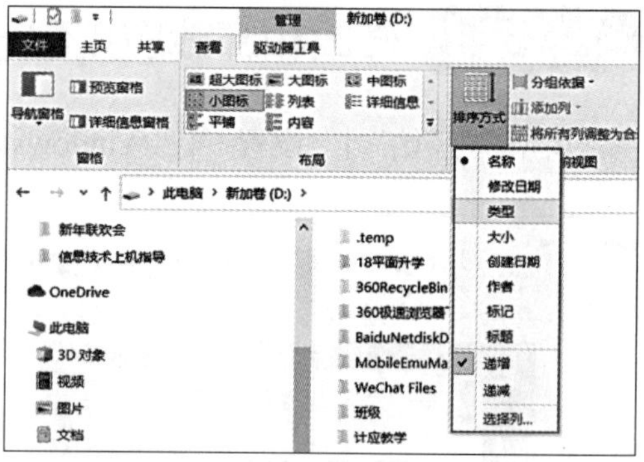

图1-36　文件、文件夹显示及排列方式

2 创建文件及文件夹

创建文件的方法：在文件夹内容区的空白处右击，快捷菜单中选择“新建”，在级联菜单中选择文件类型，键入新的文件名称，再按Enter键。

创建文件夹的方法有以下两种：

方法1 在要创建文件或文件夹的位置，选择“文件”|“新建”|“文件夹”命令。

方法2 在文件夹内容区的空白处右击，快捷菜单中选择“新建”|“文件夹”命令。

操作练习

（1）在D盘上创建自己所在班级文件夹，如“21平面设计一班”，在班级文件夹中再创建三个文件夹，分别以“实操”“素材”和“学生作品”命名。

（2）在以上班级文件夹中，分别新建文本文档“教材.txt”，画图文件“我的家乡.bmp”，Microsoft Excel工作表文件“成绩.xlsx”，Microsoft Word文档“总结.docx”。

3 选择文件及文件夹

①选择一个文件或文件夹：单击所需的文件或文件夹。

②选择连续的多个文件或文件夹：先选择第一个，然后按住Shift键不放，再单击最后一个。

③选择不连续的多个文件或文件夹：先选择第一个，然后按住Ctrl键不放，再依次单击要选择的其他文件或文件夹。

④选择全部文件或文件夹：按Ctrl+A组合键；“此电脑”窗口中，左侧导航栏中选择文件或文件夹存储位置，单击“主页”选项卡，选择“选择”组中的“全部选择”工具。

⑤反向选择文件或文件夹：“此电脑”窗口中，左侧导航栏中选择文件或文件夹的存储位置，单击“主页”选项卡，选择“选择”组中的“反向选择”工具。

⑥取消选择：按住Ctrl键不放，单击某个已选定的文件或文件夹，即可取消对该文件或文件夹的选定；单击文件及文件夹列表外的任意空白处可以取消全部选定。

4 移动文件及文件夹

方法1 选定要移动的文件或文件夹（鼠标拖动操作方法）。

方法2 选定要移动的文件或文件夹，选择“主页”选项卡下的工具图标。

方法3 在要移动的文件或文件夹上单击鼠标右键（快捷菜单操作方法）。（剪切+粘贴）

方法4 选定要移动的文件或文件夹（快捷键操作方法）。（Ctrl+x和Ctrl+v）

操作练习

分别用以上几种方法（结合“撤销”操作），将“我的家乡.bmp”移到“学生作品”文件夹中。

5 复制文件及文件夹

方法1 选定要移动的文件或文件夹（鼠标拖动操作方法）。

方法2 选定要移动的文件或文件夹，选择“主页”选项卡下的工具图标。

方法3 在要移动的文件或文件夹上单击鼠标右键（快捷菜单操作方法）。（复制+粘贴）

方法4 选定要移动的文件或文件夹（快捷键操作方法）。（Ctrl+c和Ctrl+v）

操作练习

分别用以上几种方法（结合“撤销”操作），将班级文件夹中的“教材.txt”“成绩.xlsx”“总结.docx”复制到“学生作品”文件夹中。

6 删除文件及文件夹

方法1 鼠标拖动至回收站。（如果在拖动的同时按住Shift键，则文件或文件夹将直接从计算机中删除，而不保存到回收站中。）

方法2 选中要删除的文件或文件夹，按Delete键。

方法3 右击要删除的文件或文件夹图标（快捷菜单操作方法）。

从回收站中恢复已删除的文件或文件夹的操作步骤：

①双击桌面上的“回收站”图标，打开“回收站”窗口；

②在要恢复的文件或文件夹图标上单击鼠标右键，快捷菜单中选择“还原”命令。

操作练习

删除班级文件夹中“教材.txt”“成绩.xlsx”“总结.docx”文件。

7 重命名文件及文件夹

方法1 在选中的文件或文件夹名字上单击（不能单击图标）。

方法2 选中要重命名的文件或文件夹，选择“主页”选项卡|“重命名”工具图标。

方法3 在要改名的文件或文件夹上右击鼠标，快捷菜单中选择“重命名”命令。

方法4 选中要重命名的文件或文件夹，按F2键。

操作练习

将班级文件夹中的“实操”文件夹改名为“课堂练习”。

8 查看文件及文件夹的属性

方法1 单击要查看的文件或文件夹，选择“主页”选项卡|“属性”工具图标。

方法2 在要查看的文件或文件上右击鼠标，快捷菜单中选择“属性”命令。

操作练习

将“学生作品”文件夹设置为隐藏属性，并将该文件夹中的“自我总结.docx”设置为只读属性。

9 查找文件及文件夹

在“此电脑”窗口中，“搜索”栏中输入要搜索的文件或文件夹名，或者指定搜索的类型即可。

操作练习

在此电脑的Windows C盘上搜索扩展名为.exe的所有文件。

任务2 信息资源的压缩与备份

1 信息资源的压缩与解压

信息资源的压缩操作可以节省磁盘空间，同时提高文件的传输效率。

操作练习

将“图片素材”文件夹进行压缩，以使用WinRAR压缩软件为例。

在要压缩的文件夹上单击鼠标右键，快捷菜单中选择“添加到压缩文件”命令；解压缩时，在要解压缩的文件上右击鼠标，快捷菜单中选择“解压文件”命令，如图1-37所示。

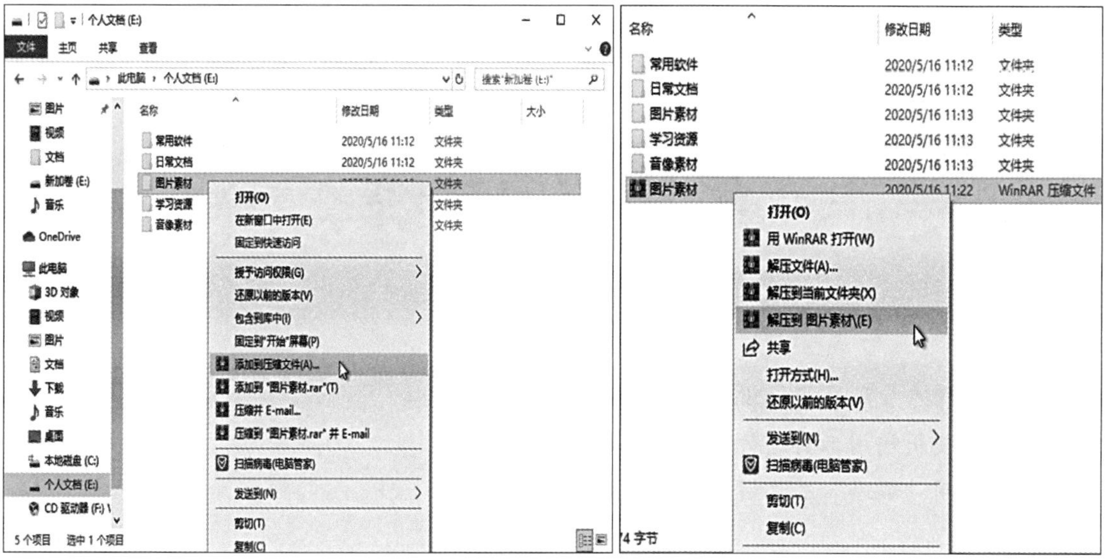

图1-37 压缩及解压文件

2 信息资源的备份与恢复

打开“控制面板”窗口|单击“备份与还原”选项|单击“设置备份”|选择备份位置|单击“下一步”|选择备份方式（Windows推荐或由我选择）|单击“下一步”|选择备份计划|单击“保存设置并运行设备”。如有需要可以使用“还原”功能来进行对已备份文件的还原操作。

操作小提示 如果被备份文件夹中有信息改动，备份机制会在拟备份文件夹中自动存储改动的内容。

拓展训练

1. 在个人信息技术设备上（计算机、移动终端等）建立个人文件存储的目录系统，并建立自动或云备份机制。

2. 在D盘根目录新建一个sys文件夹，在其下分别建立Word和Excel两个子文件夹和一个文本文档Book.txt，然后在Word子文件夹中新建空白的W1.docx，在Excel文件夹中新建E1.xlsx文件，画出以上目录树结构，写出W1.docx文件的路径。路径：D:\sys\Word\W1.docx。目录树如图1-38所示。

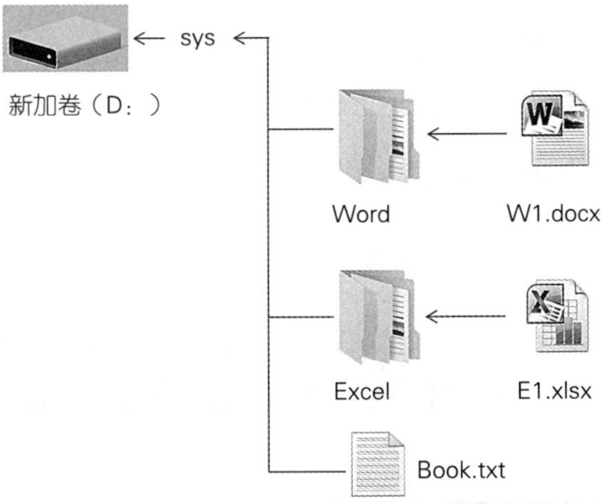

图1-38　目录树结构

实训项目六

维护信息系统

实训目的

- 了解用户管理及权限设置的方法；
- 了解使用常用工具进行系统维护的方法；
- 会使用“帮助”工具解决疑难问题。

实训内容

任务1　创建用户并设置权限

1 创建用户

操作方法：在Windows 10“设置”窗口，单击“账户”|“家庭和其他用户”，如图1-39所示，创建一个其他成员新账户，输入账户电子邮件地址，输入邮箱中的验证码。

2 设置登录密码

在设置窗口单击“登录选项”，按提示向导操作，如图1-40所示。

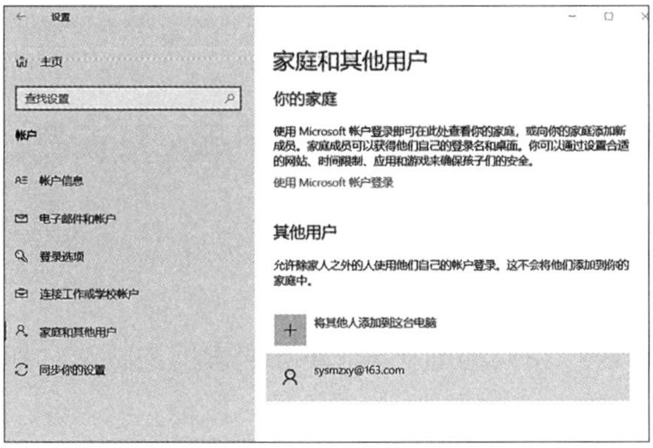

图1-39　创建其他人账户

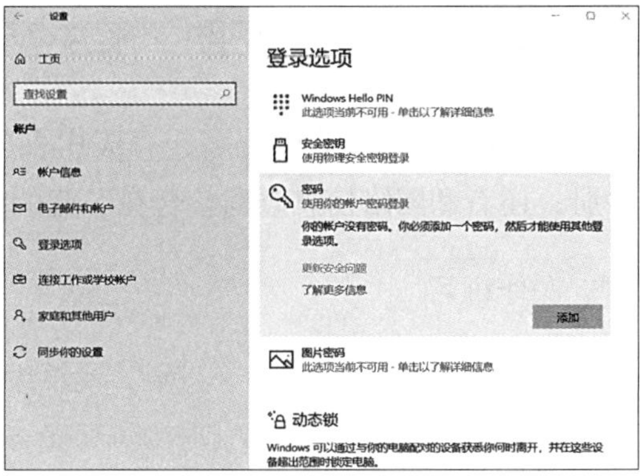

图1-40　设置账户密码

操作练习

为你的电脑创建一个新账户，设置账户类型为标准用户，修改登录密码。

任务2　系统测试与维护

1 更新操作系统

在“Windows设置”窗口，单击“更新和安全”｜“Windows更新”，如图1-41所示。

2 使用工具软件进行系统的测试、修复与维护

例如：使用360安全卫士相应功能进行系统测试与维护，如图1-42所示。

可利用360安全卫士进行系统检测、修复、清理、优化加速等操作，还可以利用软件管家进行常用软件的安装及卸载操作。

图1-41　系统更新

图1-42　360安全卫士检测系统问题并修复

操作练习

用360安全卫士为你正在使用的计算机进行体检和文件清理操作，并且进行优化加速操作，观察操作结果提示信息。

任务3　使用“帮助”解决疑难问题

“帮助”呈现的方式很多，有应用程序自带的“帮助”功能，有文档方式的“帮助”手册，还有和网络信息查询整合在一起的“帮助”搜索。

操作练习

在Windows 10的“开始”菜单中，单击“获取帮助”，在任务搜索框中输入“如何进行更新”，就会显示有关问题的帮助信息，如图1-43所示。

一般的应用程序会自带“帮助”功能，可以单击“帮助”工具按钮，获取软件的操作说明，如图1-44所示。

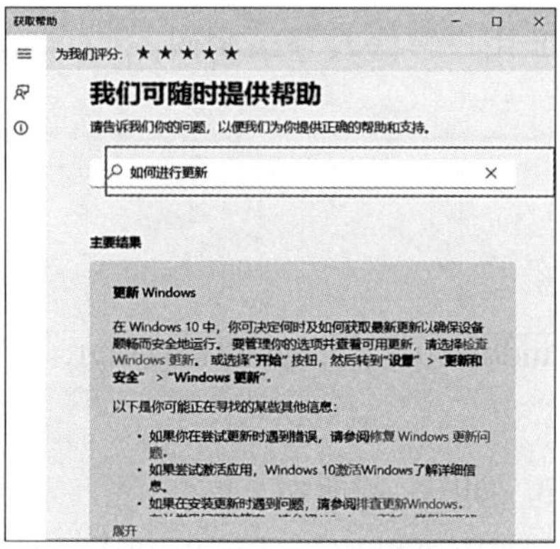

图1-43　Windows 10获取帮助

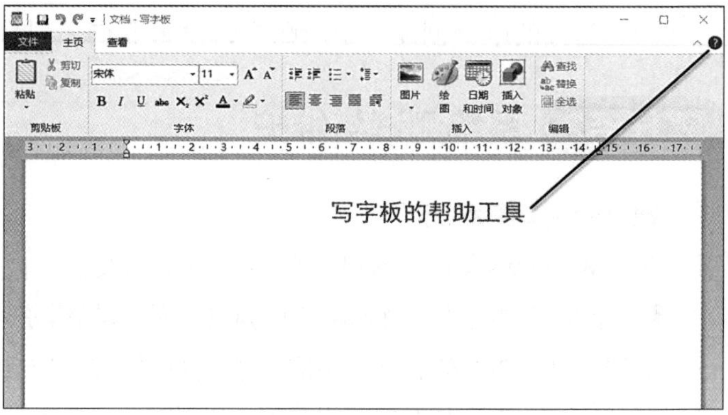

图1-44　应用程序的“帮助”功能

第二单元

网络应用

- ❑ 实训项目一　走进网络社会
- ❑ 实训项目二　配置网络
- ❑ 实训项目三　获取网络资源
- ❑ 实训项目四　进行网络交流
- ❑ 实训项目五　运用网络工具
- ❑ 实训项目六　探索物联网

实训项目一

走进网络社会

实训目的

- 了解网络技术的发展与网络体系结构；
- 能描述互联网对人类生产生活的影响；
- 理解TCP/IP协议、IP地址的相关知识；
- 掌握网络的基本设置方法；
- 了解万维网、电子邮件、域名解析等互联网服务的工作原理。

实训内容

任务1 感知互联网社会

1 上网查询网络发展的四个阶段及特点，填写表2-1中相应信息。

表 2-1　网络发展的四个阶段

发展阶段	特点
面向终端的联机阶段	
面向多主机的网络阶段	
网络互联阶段	
高速网络阶段	

2 上网搜索网络热点事件，填写表2-2中相应信息。

表 2-2　网络热点事件调查

网络购物	电商平台	
	购物习惯改变	
网络求助	救助平台	
	成功案例	

任务2 查看和配置IP地址

1 查看本机对应的IP地址

①在Windows 10操作系统下，单击“开始”｜“设置”，打开“设置”窗口，单击

“网络和Internet”，可查看当前无线网络或以太网络的网络配置信息。单击“更改适配器选项”，打开“网络连接”窗口，如图2-1所示。

②右击“以太网”|“属性”，可查看和配置TCP/IPv4地址，如图2-2所示。

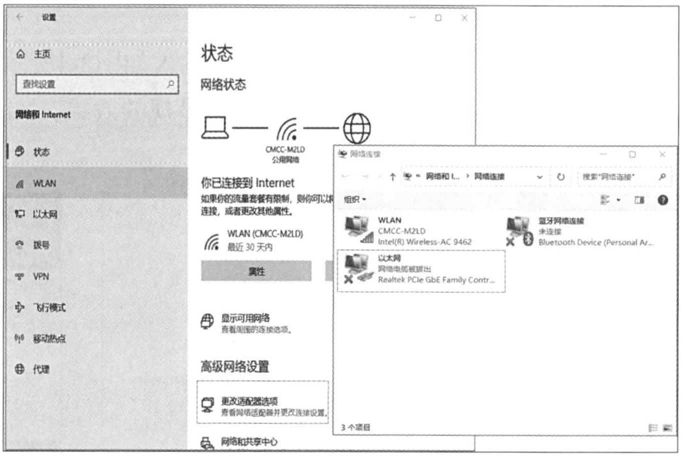

图2-1　打开网络连接窗口

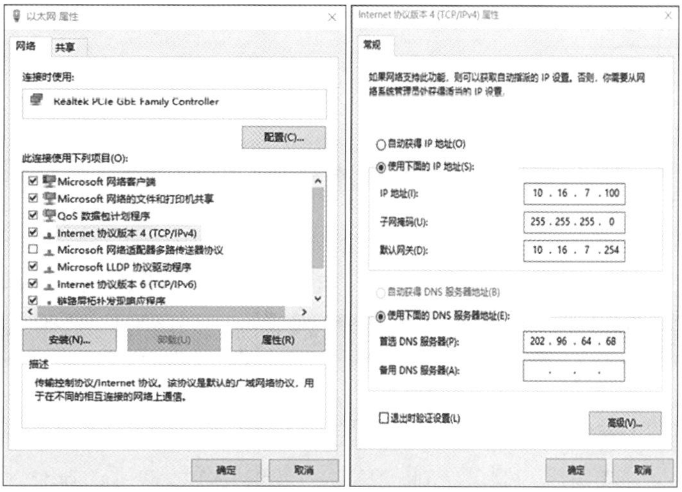

图2-2　查看和配置TCP/IPv4地址

2 查看域名对应的IP地址

在浏览网页时，利用域名服务获取主机的IP地址，根据主机的IP地址建立连接，再根据URL获取远程主机上的资源。

操作步骤：打开操作系统的命令窗口，C:\Windows\System32\cmd.exe，输入命令“ping www.baidu.com”，从返回的结果可以看到本次访问到的主机对应的IP地址为“39.156.66.14”，如图2-3所示。

3 查看网页源代码

打开一个网页，如360导航一个主页，整个世界。右击页面空白处，快捷菜单中选择“查看页面源代码”即可打开相应的代码窗口，查看到代码的内容。

查找<html>与</html>，<title>与</title>所在行。

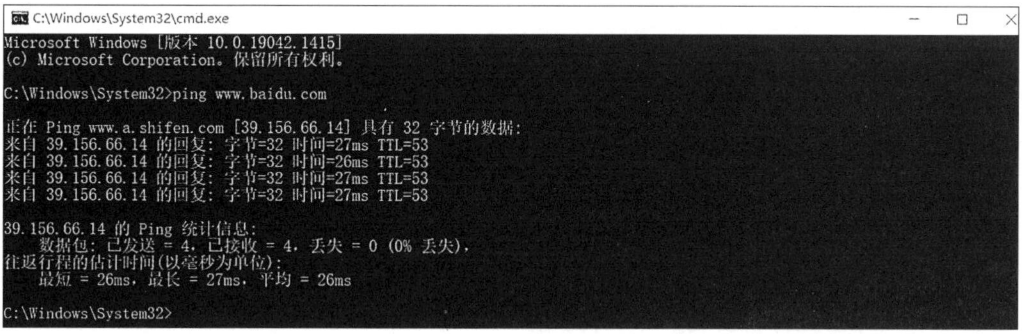

图2-3　ping命令示例

4 制作一个简单的HTML文档

用“记事本”工具创建一个文档，输入如图2-4所示内容，保存为“测试.html”，然后双击“测试.html”文件图标，观察页面呈现的效果，如图2-5所示。

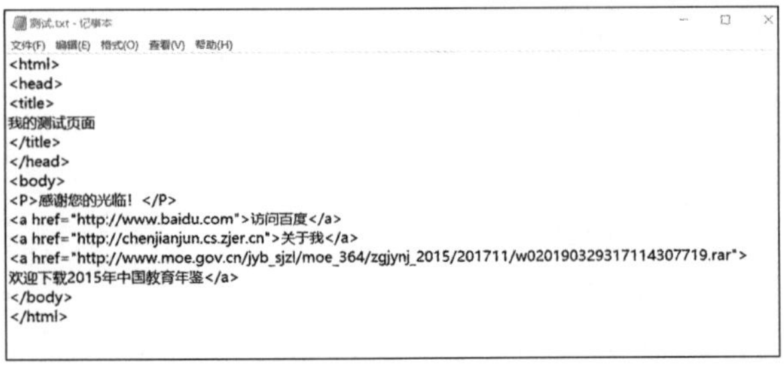

图2-4 html文档示例

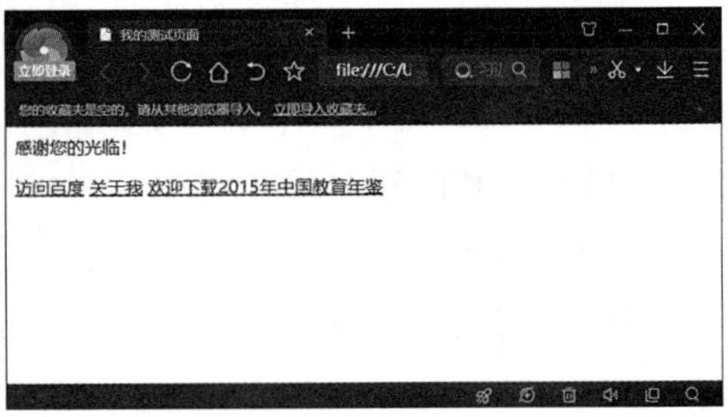

图2-5 浏览器界面

拓展训练

请参照表2-3，观察自己常用网站的网址，并从网址名称中判断其所属的国家、地区和行业。

表 2-3 域名体系分类表

地理顶级域名		类别顶级域名		个性化域名（新顶级域名）	
中国	.cn	商业机构	.com	航空业	.aero
美国	.us	网络机构	.net	信息行业	.info
英国	.uk	组织机构	.org	商业	.biz
日本	.jp	教育机构	.edu	个人	.name

实训项目二 配置网络

实训目的

- 了解常见网络设备的类型和功能；
- 会进行网络的连接和基本设置；
- 能判断和排除简单网络故障。

实训内容

上网搜索表2-4中常用网络连接设备的功能及作用，并将查询结果填写到表格中。

表 2-4　常用网络连接设备的功能及作用

名称	功能及作用
路由器	
交换机	
调制解调器	
网卡	
防火墙	

任务1　观察学校计算机网络

学校计算机网络是一个典型的局域网，通常会由不同的子网组成，一个计算机教室通常也会配置成一个独立的局域网，如图2-6所示。

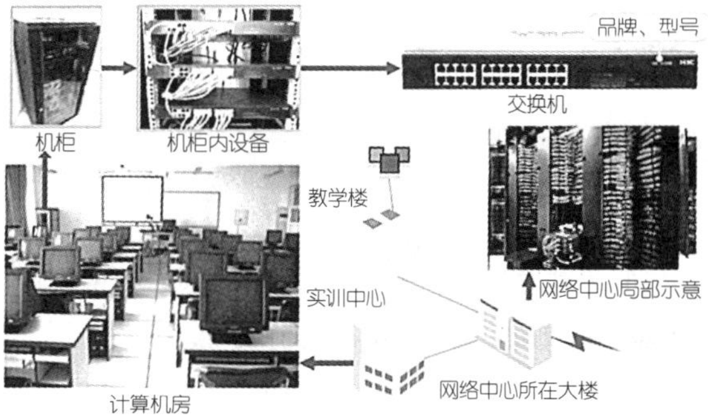

图2-6　学校计算机网络构成示意图

①对照图2-6学校计算机网络构成示意图，试说出自己所在学校的网络中心、上课所用的计算机房、交换机柜、交换机设备等位置分布情况。

②仔细观察自己上课所在计算机房交换机使用情况，填写表2-5中相应信息。

表 2-5　统计所在计算机房交换机信息

交换机型号	
接口数	
接口速率	
交换机个数	

③介绍自己家中网络使用情况，填写表2-6中相应信息。

表 2-6　家中路由器的使用情况

路由器型号	
接口数	
接口速率	
路由器的个数	

任务2 网络连接

1 根据自己家的住房面积及房间分布情况，规划家庭网络

要求：家里所有房间的无线网络全覆盖，入网宽带升级为300Mbps光宽带。

方案设计：

2 无线网络配置步骤

①设置入户光纤宽带路由器，此环节通常由网络服务提供商上门完成；

②把路由器的WAN口与光宽带无线路由器连接；

③把每个房间的网线面板换成无线AP面板；

④把每个AP的网线接入路由器；

⑤把AP的模式开关拨到Fit模式；

⑥设置路由器，设置无线网络，启用动态IP分配，启用AP管理功能。

3 终端接入验证

通过手机、电视等无线终端搜索连接无线信号，输入密码，验证网络是否连通。

任务3 排除网络故障

常见的故障通常为连接故障和主机配置故障。常用故障排除方法：

1 断开和恢复物理连接

观察并记录消息区连接图标在断开前后及恢复连接后的变化。

2 禁用和启用网络连接

打开“网络和共享中心”|单击“更改适配器设置”|打开“网络连接”窗口，右击“网络连接”图标|单击“禁用”，观察系统消息变化，再次右击“网络连接”图标，单击“启用”命令，如图2-7所示。

图2-7　禁用和启用连接

3 重置无线路由器

当出现无线路由器配置错误或无线密码丢失等情况，导致无法正常使用网络时，可以采用重置无线路由器的方法进行处理。

操作方法：在通电允许状态下，长按路由器的Reset按钮，直到所有灯均亮后松开，然后进行重新配置路由器操作。

拓展训练

请同学们以小组为单位，用老师的手机作为网络热点，将每个小组的平板电脑连接到该热点，输入密码进行上网测试。

实训项目三 获取网络资源

实训目的

- 能识别网络资源的类型，区分网络开放资源、免费资源和收费认证资源；
- 根据实际需要获取网络资源，能合法使用网络信息资源，树立知识产权保护意识；
- 会辨识有益或不良网络信息，能对信息的安全性、准确性和可信度进行评价。

实训内容

任务1 探索网络资源的获取途径

1 使用搜索引擎

王丽同学想在国庆假期时去黄山风景区游玩，需要了解一下黄山景区的相关内容。

操作方法：在浏览器中登录“百度”搜索引擎，输入关键词“黄山风景区介绍”进行查找，结果如图2-8所示。

2 精细化搜索

缩小关键词搜索范围，得到的信息会更加准确。例如：黄山景区门票、黄山迎客松等，如图2-9所示。

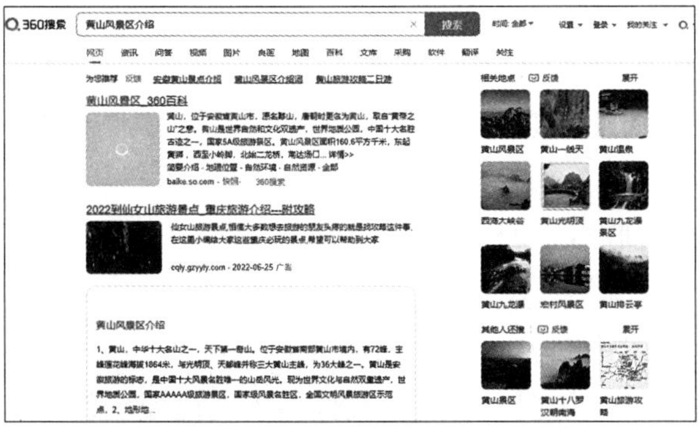

图2-8 输入关键词进行搜索

图2-9 精细化搜索

3 直接访问相关网站

有些内容通过官网中获取会更便捷、更准确、更权威，可以直接访问相关网站获取资源。

搜索表2-7中的资源信息，并记录使用搜索引擎名称、网站或手机应用名称、内容质量及获取难度。

表 2-7　资源获取途径体验

类别	内容要求	搜索引擎名称	网站或手机应用名称	内容质量	获取难度
网页	中国人工智能发展历程				
文档	天猫“双11”成交额统计报告				
视频	神舟十二号发射全过程				
音乐	《我和我的祖国》				
交通信息	沈阳到上海的航班信息				
住宿信息	杭州西湖附近的宾馆				

任务2　网页、图片、视频及文字的保存

在官方网站站内搜索相关内容时，可以更改搜索结果和搜索时间范围，观察搜索结果数量的变化；下载资料时，通过百度搜索引擎，呈现信息量较多，需要筛选；官方网站站内搜索，可以获取精准结果。

打开沈阳市装备制造工程学校官网主页，浏览学校概况信息，并完成以下操作：

图2-10　保存网页

1 保存并收藏学校主页

将主页保存到D盘“班级”文件夹下，操作方法如下：

①打开学校首页，在网页页面上右击，在弹出的快捷菜单中选择“网页另存为”命令，在弹出的对话框中，选择文件的保存类型为“网页，全部”，如图2-10所示。

②在首页页面，打开菜单，在菜单中选择收藏，即可收藏该网页。

2 下载图片和视频

下载首页上的学校图片和学校宣传视频，操作方法如下：

右击图片，选择“图片另存为”命令，保存到D盘“班级”文件夹中，视频下载方法同于图片的保存方法。

3 保存网页上的文字

如果只是需要保存部分文字，可以选择一个文字处理软件，用复制粘贴的方法操作即可。

操作练习

若要保存学校概况介绍文字信息，选中文字，在选中文字上单击鼠标右键，快捷菜单中选择“复制”，如图2-11所示，然后在文字处理软件中，单击鼠标右键，在快捷菜单中选择“粘贴”即可。

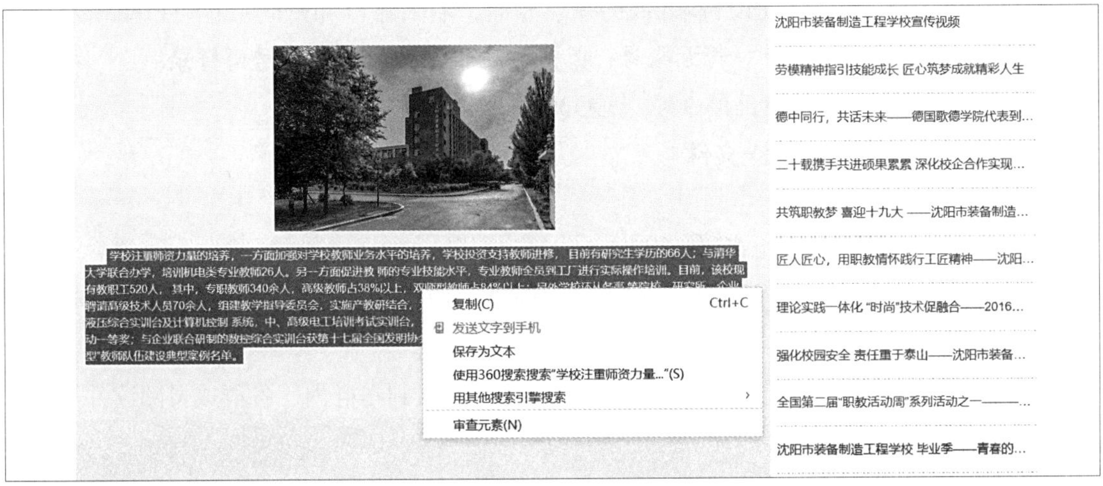

图2-11 保存网页上的文字

拓展训练

五一假期将至，如果让你为小明制定一份“三日自驾游”的出行方案（小明所在地为沈阳），你需要事先在网上搜索并获取哪些信息资源？

实训项目四 进行网络交流

实训目的

- 会使用电子邮件和即时通信软件进行网络交流；
- 会编辑、加工和发布信息；
- 能以正确的文化导向进行网络交流活动；
- 会使用远程桌面和远程协助工具进行网络远程操作。

实训内容

任务1 即时通信软件QQ的应用

QQ是国内使用非常广泛的即时通信软件之一，可以在不同的信息技术设备上为个人、企业等即时传送语音、文字、图片、视频及文件等信息。

1 登录QQ

可以在计算机端或移动设备端的QQ登录界面，输入账号和密码；也可以单击右下角的二维码，用手机扫码登录。若无账号，单击“注册账号”申请账号再登录。

要求：所有同学登录自己的QQ。若无QQ账号，请立即注册。

2 使用QQ聊天和发送文件

要求：

①向自己左边或右边相邻同学发出问候；

②各小组组建一个QQ群，然后在小组群内进行信息交流，主题：你是在什么时间注册的QQ账号？

③各小组群的群主将《全国青少年网络文明公约》发到本群内，各群成员阅读并下载。

3 发送QQ邮件

要求：给老师发送邮件，邮件主题：我的承诺。邮件内容：老师您好！我是×××同学，我已阅读《全国青少年网络文明公约》，并且在此郑重承诺：一定会严格约束自己，遵守公约内容，做一个文明青年，请老师放心！

操作练习

单击QQ面板上的QQ邮箱图标，如图2-12所示，进入QQ邮箱界面。

在左侧面板上单击“写信”，进入写信界面，如图2-13所示，输入邮件主题和内容。还可以用“添加附件”功能发送有关文件或图片，完成后单击“发送”按钮。

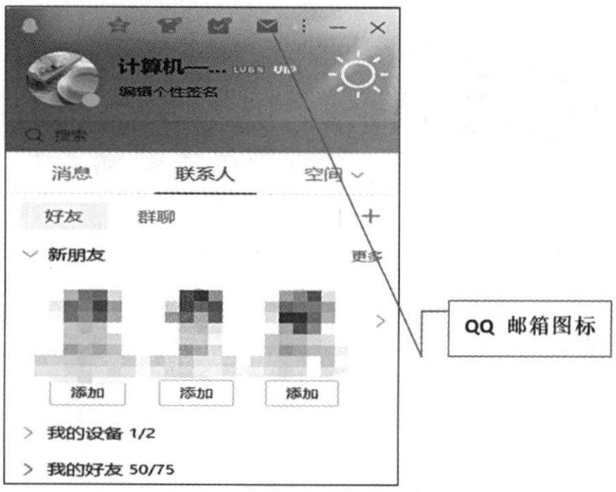

图2-12 单击“QQ邮箱”图标

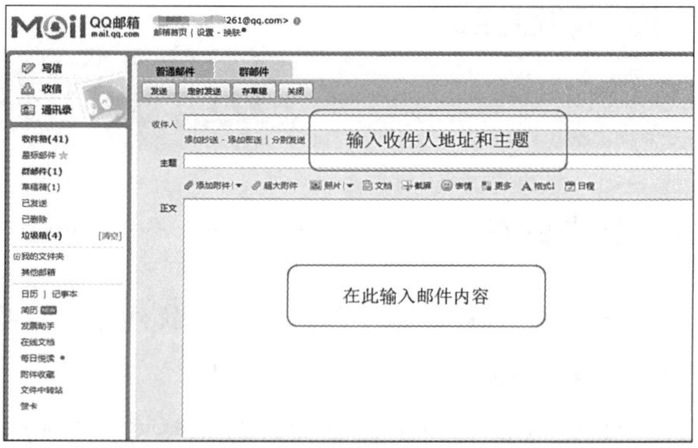

图2-13 写邮件

4 管理QQ联系人

修改联系人信息。可通过快捷菜单中的命令，如“修改好友备注”“移动联系人至”“删除好友”“好友管理”等即可完成相关操作，如图2-14（a）所示；如果联系人较多，可利用“好友管理器”进行分组和快速备注，如图2-14（b）所示。

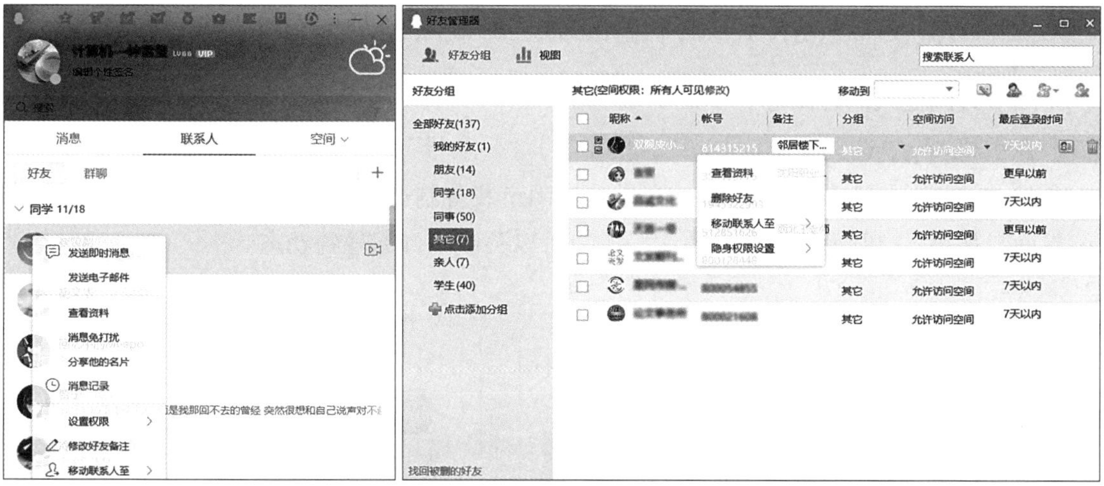

（a）好友列表快捷菜单　　（b）QQ好友管理器列表

图2-14　QQ好友管理

操作练习

请对自己的QQ好友列表进行整理。

任务2 使用公众号和微博

1 使用微信公众号

（1）注册微信公众号

在浏览器地址栏中输入“微信公众平台”的网址，单击“立即注册”按钮，打开注册界面，选择注册“订阅号”，如图2-15所示，填写基本信息，选择类型为“订阅号”，填写信息登记，按向导提示完成注册。

图2-15　注册微信公众订阅号

操作练习

请同学们试着注册一个自己的微信公众号。

（2）**发布图文信息**

进入公众号首页的“管理”|“素材管理”页面，单击“新建图文消息”按钮创建内容，编辑内容后可选择保存、预览、保存并群发，如图2-16所示。

操作练习

请用自己的微信公众号发布新年联欢会的图文信息。

（3）**订阅他人的订阅号**

在手机App中选择“微信”|“通信录”|“公众号”，进入公众号界面，点击屏幕右上角的“添加（+）”按钮，搜索公众号“沈阳市装备制造工程学校”，进入该公众号的介绍界面，如图2-17所示，点击“关注”按钮可以关注该订阅号的动态。

图2-16　微信公众号发布图文信息

图2-17　关注公众订阅号

2 使用“新浪微博”

（1）**申请新浪微博账号**

在浏览器地址栏输入“新浪微博”的网址，进入“新浪微博”的主页，单击“注册”按钮，根据提示向导按步骤完成账号注册，再登录微博，如图2-18所示。

操作练习

请有账号的同学直接登录，没有账号的同学注册一个新浪微博账号。

（2）**关注他人**

登录微博后，搜索自己感兴趣的人进行关注，并去留言互动。

（3）**发布微博**

在微博的首页上直接撰写微博信息，信息形式可以是图文信息、文章，也可以是短视频和直播等形式，如图2-19所示。

图2-18　新浪微博注册登录

图2-19　发布微博

任务3　电子邮箱的申请与使用

1　申请免费电子邮箱

打开浏览器，在地址栏输入网址，打开网易主页，在“我的产品”下单击“免费邮”，在邮箱账号登录界面，单击“注册新账号”，如图2-20所示。

按照提示内容填写信息，邮箱地址用户名为“自己姓名简拼_联系方式”，例如zxy_15677887788，密码应包含数字、大小写字母和特殊符号。输入信息后，单击“立即注册”，邮箱注册成功。

2　收发电子邮件

邮箱注册成功后，登录邮箱，如图2-21所示，单击写信和收信，即可发送接收邮件。

图2-20　注册网易邮箱

图2-21　网易免费邮箱

操作练习

①利用刚申请的邮箱，给老师发送邮件。邮件主题：教师节快乐！邮件内容：亲爱的老师，您好！教师节将至，感谢老师一年来对我的培养教育和关心爱护！在此，祝老师身体健康！永远开心快乐！你的学生×××。附件：贺卡.JPG。

②相邻同学之间发送邮件，发送成功后，单击“收件箱”和“已发送”，可查看邮件的发送和接收情况。

拓展训练

请同学们根据自己的使用体验，结合上网搜索，总结一份网络交流体验报告——电子邮件与即时通信软件的异同点。

实训项目五

运用网络工具

实训目的

- 会运用云盘等网络工具进行多终端信息资料的传送、同步与共享；
- 了解网络学习的类型与途径，掌握数字化学习的方法；
- 了解网络对生活的影响，能熟练应用生活类网络工具；
- 能借助在线协作工具多人协作完成任务。

实训内容

任务1 用云盘汇总班级新年联欢会相册

常用的云盘有腾讯微云和百度网盘。

操作练习

用百度网盘汇总班级新年联欢会相册。

①下载百度网盘客户端（电脑版），并注册一个自己的账号。

②打开百度网盘，单击“上传文件”，选择D盘上的“18平面升学”文件夹，即可将“18平面升学”文件夹及文件夹内全部内容上传，如图2-22所示。

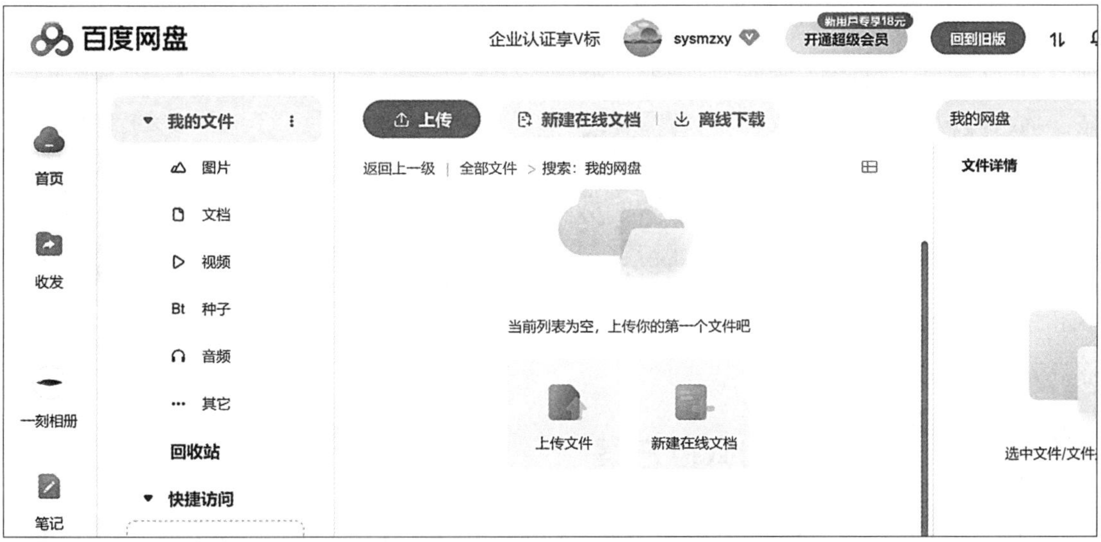

图2-22 用百度网盘上传本地资源

③在手机上下载百度网盘手机App，注册账号后打开，将手机相册中的照片和通讯录备份存储到百度网盘上，如图2-23所示。

图2-23 百度网盘手机App界面

任务2 在线学习开放课程

网络学习不仅在疫情环境下发挥了重要作用，也推动了优质教学资源的开发和共享。选择合适的在线课程学习平台是保证网络学习效果的前提条件。下面以中国大学MOOC在线学习平台为例，体验在线课程学习和全过程。

1 注册账号

可以在计算机上通过网站和手机App两种方法进行平台账号注册。

打开“中国大学MOOC”官网，单击右上角的“注册”按钮，如图2-24所示。根据向导提示进行账号注册。手机App注册，可以在手机的应用商店，下载并安装“中国大学MOOC”。

图2-24　中国大学MOOC

2 选择课程

在搜索栏中搜索关键字，筛选想学习的课程名称，例如：信息技术，如图2-25所示。通过课程简介，可了解本课程的学习内容、教学大纲等信息，找到适合自己的课程。明确课程的开课时间，根据测试和作业完成情况，可以获取该课程的合格证书。

图2-25　课程选择

任务3 制定个性化旅行方案

国庆节假期将至，请你为小明等4个人制定一份旅行方案（行程天数7天，时间：10月1日—10月7日，目的地：成都），并且预算出人均费用。

1 根据行程天数和目的地规划行程（表2-8）

表 2-8　时间与行程安排表

时间安排	行程安排	交通方式
10月1日	沈阳—成都	飞机
10月2日—4日	成都—九寨沟（本地团三日游）	大巴
10月5日—6日	成都市自由行	租车
10月7日	成都—沈阳	飞机

2 根据规划行程模拟预订机票和当地旅游团

机票预订方式：____；

航班查询信息：____；

地接旅游团信息：____；

采用的查询方式：____。

3 根据行程规划景点（表2-9）

表 2-9　景点景区安排表

时间安排	景点安排
10月1日	无景点，下午航班，晚上到达，地接团接机，入住成都市内
10月2日—4日	地震遗址—松潘—黄龙—九寨沟
10月5日—6日	都江堰—熊猫基地—武侯祠—杜甫草堂 宽窄巷子—太古里—锦里古街
10月7日	成都—沈阳

4 规划住宿与餐饮（表2-10）

表 2-10　住宿及餐饮查询表

时间安排	住宿	餐饮
10月1日	地接团安排，入住成都市内	特色小吃
10月2日—4日	地接团安排，入住黄龙和九寨沟	地接团团餐
10月5日—6日	入住宾馆 入住宾馆	特色火锅 特色川菜
10月7日	成都—沈阳	

请为小明等4个人安排两日的住宿信息和三日的晚餐，说明查询方式和你的规划理由。

5 费用预估

根据行程安排，预算一下往返机票+地接团费+两日住宿的人均费用。

任务4　协作编辑疫苗接种情况调查表

1 进入网页并创建文档

启动金山文档，如图2-26所示，进入在线编辑页面，登录后可看到个人文档界面。

2 单击“新建”按钮，即可新建文档（图2-27）

3 分享并协同编辑文档

创建疫苗接种情况调查表后，单击“分享”按钮，将文档分享给全班同学，如图2-28所示。班级群内所有同学收到文档分享链接后，即可参与协作编辑，如图2-29所示。

图2-26　进入金山文档在线编辑

图2-28　分享文档

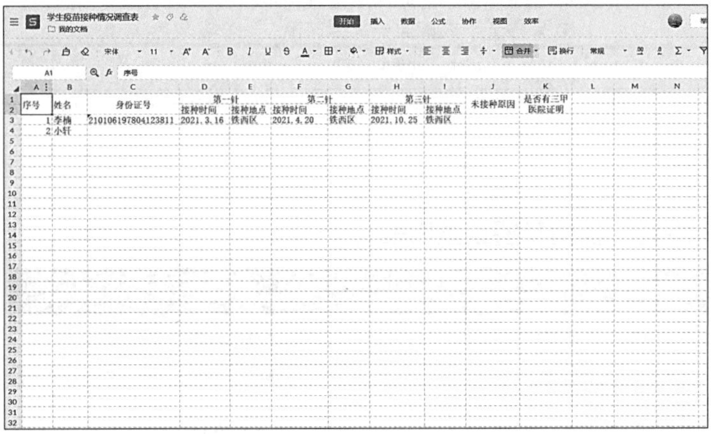

图2-27　创建在线文档

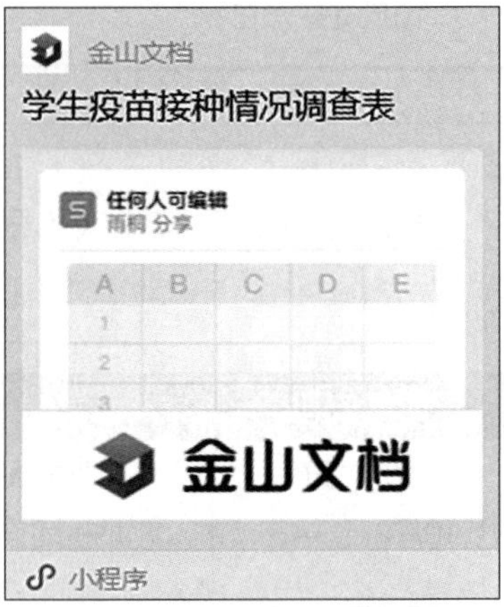

图2-29　打开分享的链接

拓展训练

1．学校要为学生订制春季校服，为了达到量身订制的效果，要求各班班长统计班级学生的身高和体重数据。如果你是班长，你会怎样完成此项操作？要求：使用腾讯文档在线编辑。

2．暑假快到了，试着利用网上求职平台，为自己找一份短期的暑期兼职工作，并且了解自己所学专业可从事哪些岗位，以及这些岗位对专业技能的要求。

实训项目六

探索物联网

实训目的

- 了解典型的物联应用场景；
- 了解物联网的常见设备及软件配置。

实训内容

任务 探索与体验物联网

1 探索身边的物联网应用（表2-11）

表 2-11 物联网应用交通出行

物联网应用实例	简述其感、传、知、用过程
实例1 共享单车	
实例2 ETC计费	
实例3 智能手环	

2 上网搜索智能家居系统

①现实生活中你身边接触到的智能家电有哪些?它们是怎样工作的?

②结合网上搜索，谈一谈未来的华为鸿蒙系统会给大家带来怎样的万物互联。

拓展训练

物联网的未来会影响到人类生活，例如交通、医疗、娱乐、教育等各个领域，同学们可以畅想一下，未来20年物联网将对人们的生活产生什么样的影响?

第三单元

图文编辑

- ❑ 实训项目一　图文编辑入门
- ❑ 实训项目二　设置文档格式
- ❑ 实训项目三　设置页面格式
- ❑ 实训项目四　图文混合排版
- ❑ 实训项目五　表格制作编辑
- ❑ 实训项目六　图文表混排及打印输出
- ❑ 实训项目七　文档创编进阶

实训项目一

图文编辑入门

实训目的

- 熟练掌握启动Word 2010的几种常用方法；
- 熟悉窗口界面构成及工作环境配置方法；
- 掌握新建文档、保存文档、打开文档的基本方法；
- 掌握Word 2010中文本的录入、编辑及特殊字符的插入操作；
- 了解文档保护的有关知识与操作方法。

实训内容

任务1 Word 2010基本操作

一、启动并配置Word 2010工作环境

1 启动Word 2010

启动Word的方法有很多，常见的方法如下：

①在“开始”菜单中找到“程序”菜单并打开，选择Microsoft Office下的Microsoft Word 2010命令，启动Word 2010，即自动创建一个空白文档，如图3-1所示。

②双击桌面上的Word 2010快捷方式图标。

③双击已存在的Word 2010文件（其文件类型为*.docx，图标为）。

2 配置Word 2010工作环境

（1）修改自动保存时间间隔

Word 2010默认情况下每隔10分钟自动保存一次文件，可以根据实际情况设置自动保存时间间隔。打开Word 2010窗口，依次单击“文件”｜“选项”命令，如图3-2所示。

（2）设置文件的默认保存路径

在保存新建的Word文档时，其默认的保存路径是“我的文档”。其实，该默认路径是可以自己设置的。打开Word 2010窗口，依次单击“文件”｜“选项”命令，在打开的“Word选项”对话框中切换到“保存”选项卡，单击“默认文件位置”右侧的“浏览”按钮，选择一个保存路径，然后单击“确定”，如图3-2所示。

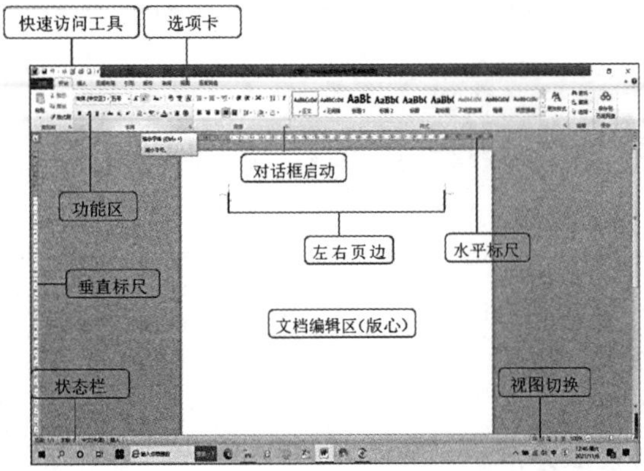

图3-1　Word 2010窗口界面

图3-2　“Word选项”对话框

二、Word 2010新建、保存及打开文档

1 建立新文档

启动Word 2010后，系统自动建立一个默认的空白文档。

用户还可以根据Word 2010提供的模板建立文档。单击“文件”选项卡中的“新建”命令，在右侧窗格的“可用模板”中选择某个模板，快速创建一个专业文档。

2 文本录入

请在新建的空白Word文档中，录入如下【 】内的文稿内容。

【语言就是力量

如果说外部形象是面试的第一张名片，那么语言就是第二张名片，它客观反映了一个人的素质和内涵修养。面试要在现有的语言水平基础上，尽可能地发挥口才作用。对所提出的问题对答如流，恰到好处，妙语连珠，耐人寻味，不夸夸其谈、夸大其词。自我介绍是很好的表现机会，应把握以下几个要点：

展示个性，使个人形象鲜明，可以适当引用别人的言论，如老师、朋友等的评论，来支持自己的描述；

突出个人的优点和特长，并有相当的可信度。特别是具有实际管理经验的要突出自己在管理方面的优势，最好是通过自己做过什么项目这样的方式来叙述；

坚持以事实说话，少用虚词、感叹词之类；

符合常规，介绍的内容和层次应合理、有序地展开；

注意语言逻辑，介绍时应层次分明、重点突出，使自己的优势很自然地逐步显露；

最后，尽量不要用简称、方言、土语和口头语，以免对方难以听懂。当不能回答某一问题时，应如实告诉对方，含糊其辞和胡吹乱侃会导致面试失败。】

文本录入小常识

①插入点：指Word的文档编辑区闪烁的光标 |←，它指示当前插入的字符、图片等操作对象的位置。

②文字录入顺序：文字的输入从插入点开始，每输入到一行的末尾时，Word会自动将插入点转到下一行，若要另起一行或插入一个空行时，按一下Enter键，即产生一个段落。

③段落：在Word中，以一个包含有文字的段落符 ↵ 代表一个段落。

④为了提高文档录入与编排的工作效率，通常可先将所有文档内容录入之后，再统一进行格式设置。

3 保存文档

对于新建的文档或编辑后的文档，都应该将其保存下来，保存文档的操作方法如下：

①在当前文档窗口中单击“文件”，在左侧菜单中单击“保存”命令按钮；

②在弹出的“另存为”对话框中选择保存文档的路径，并输入要保存文件的名称后，单击“保存”按钮即可保存文档。

操作练习

将以上文档保存在D:\班级文件夹中，文件名为：语言就是力量.docx，保存类型选择默认的：Word文档（*.docx），如图3-3所示。

操作小提示

对于已保存的文档，如果进行修改后，既要保留修改前的状态，又要保留修改后的结果，必须要用“文件”菜单中的“另存为”命令。

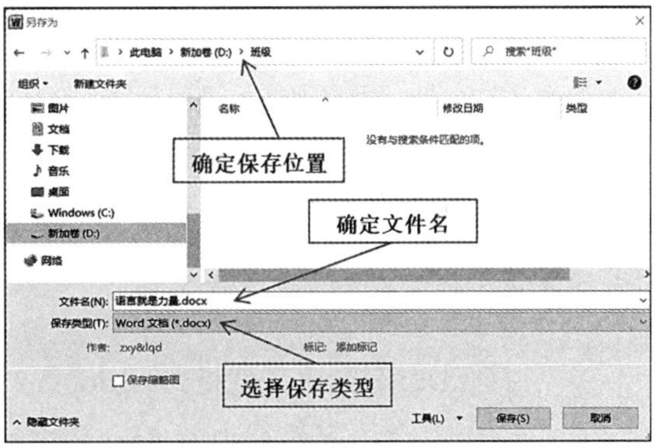

图3-3 “另存为”对话框

4 打开已保存文档

①单击快速访问工具栏上的“打开”按钮；

②单击“文件”菜单中的“打开”命令；

③按快捷键Ctrl+O，可以快速地打开文档。

操作练习

用以上任意方法打开D:\班级\语言就是力量.docx，并将其另存到D:\班级\实训一文件夹，文件名：任务1.docx。

任务2 文档编辑操作

1 文本编辑对象的选定

（1）拖动选择

按住鼠标左键一直拖动到选择部分的末端，然后松开鼠标左键。

（2）选择字词

把插入点光标放在某个汉字（或英文单词）上，双击，则该文字（词）变为选中状态。

（3）选择一个句子

按住Ctrl键并单击句子中的任何位置，则该句子变为选中状态。

（4）选择一行

光标放置于这一行的选定栏（该行的左边界），单击即可选中该行。

（5）选择一个段落

将光标移到选定栏，双击段落左边的选定栏，即可选中鼠标指针所对应段落。

（6）对整个文档的选择

将光标移到选定栏，鼠标变成一个向右指的箭头，然后三击鼠标，即可选中整个文档。

（7）对矩形文本块的选择

按住Alt键和鼠标左键，拖动到文本块的右下角，即可选中一块矩形的文本。

操作练习

打开D:\班级\讲座信息预告.docx，完成以上各种选定操作。

2 文本复制和移动

操作练习

打开D:\班级\语言就是力量.docx，完成以下操作。

（1）将“语言就是力量.docx”中第二、三、四、五自然段复制到文档尾部（另起一行空两个字符位）。

（2）先将复制后的四个自然段合并成一个段落，再将本段落从“坚持以事实说话……”位置分为两段。

（3）将原文中的第二、三自然段交换位置。

3 输入特殊符号

（1）符号

有些符号不能从键盘直接输入，例如要在文档中插入符号“★”，操作步骤如下：

①确定插入点后，单击“插入”选项卡|“符号”组的“符号”按钮，打开“符号”设置对话框，如图3-4所示。

②在“符号”对话框中，“符号”选项卡下的“字体”下拉列表框中选择字体，在“子集”下拉列表中选择一个专用字符集，选中自己所需要的符号。

③单击“插入”按钮，或者在步骤②直接双击需要的符号即可在插入点后插入符号。

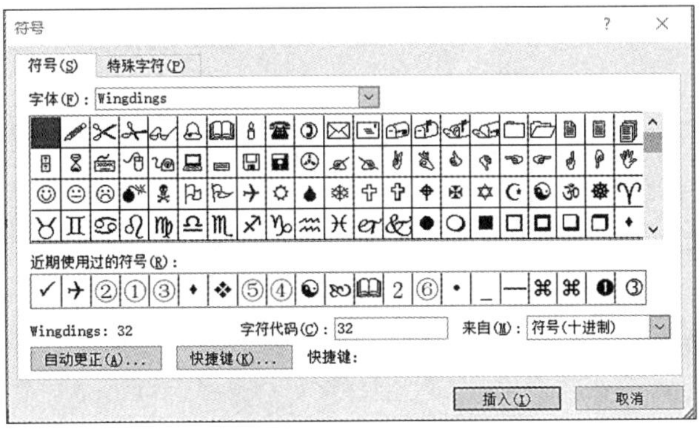

图3-4 “符号”对话框

（2）特殊符号

通常情况下，文档中除了包含一些汉字和标点符号外，为了美化版面还会包含一些特殊符号，如©、™、§等。具体操作步骤如下：

①在图3-4弹出的“符号”对话框中，单击“特殊字符”选项卡。

②在“字符”列表框中选中所需要的符号。

操作练习

将以上“**语言就是力量.docx**”文档的标题的左右两侧，分别插入wingdings字符150和151，将正文的起始和结束位置分别插入wingdings字符122。

完成以上操作后，将文件另存到D:**班级****实训**一文件夹，文件名：**任务2.docx**。

任务3 保护文档操作

1 设置文档打开权限

操作方法：单击“文件”|“另存为”命令，打开“另存为对话框”，选择存储位置，单击“工具”按钮，选择“常规选项”命令，打开“常规选项”对话框，如图3-5所示。

在“常规选项”对话框中，相应文本框中输入密码，密码区分大小写。设置密码后，再次打开文档时，会弹出“密码”对话框，要求输入打开文件时的密码。

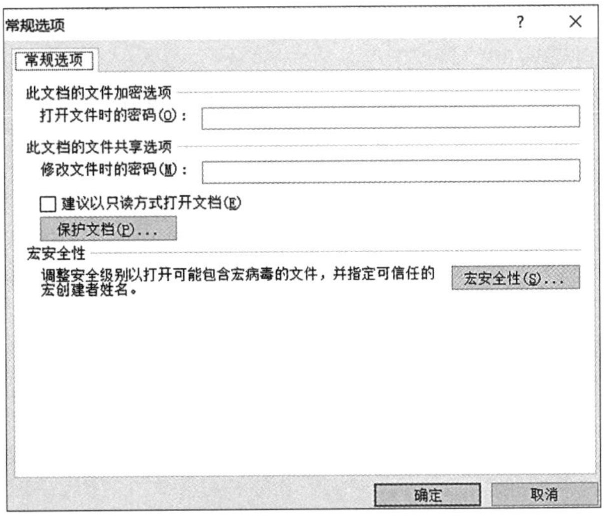

图3-5 设置文档密码

操作练习

将自己保存的D:**班级\语言就是力量**.docx文档分别设置打开文件密码和修改文件密码，进行实践体验后与同学分享感想。

操作小提示

①若要删除文档的密码，在“常规选项”对话框中将打开文件时的密码设置为空即可。

②设置修改文件的密码后，用户不需要密码同样可以打开文档，并可以对该文档进行修改，但将修改的文件保存时，不能以同一文件名存盘，必须重命名。

2 保护文档设置

在“常规选项”对话框中，单击“保护文档…”命令按钮，在窗口右侧打开“限制格式和编辑”设置窗口，可根据需要进行“格式设置限制”“编辑限制”及“启动强制保护”设置操作，如图3-6所示。

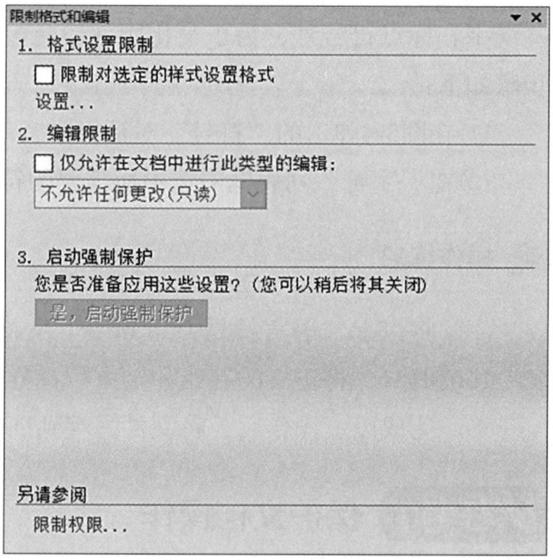

图3-6　限制格式和编辑

巩固提高

（1）打开D:**班级\计算机教学**.docx文档，完成以下操作：

①在第二自然段的“利用转换信号……”处另起一段，作为第三自然段。

②将修改后文档的第二自然段与第四自然段的位置交换。

③第三自然段内容在其尾部连续复制两遍，作为第三自然段的内容。

④标题左边插入章节符号§1-1，在每个自然段尾部插入★。

（2）对以上文档设置自己的文档打开密码和修改文件密码，并在设置密码后进行打开文件和修改文件实践体验。

（3）完成以上操作后，将文档另存到D:**班级\实训**一文件夹，文件名：**巩固提高**.docx。

拓展训练

在移动终端上提供了很多排版类的App，课后请同学们下载“美篇”App，以“金色的秋天”为主题，加入人物和风景的美拍照片素材，体验文本录入编辑以及图、文、音视频的合成操作，做成可观看的文档并发送给老师。

实训项目二

设置文档格式

实训目的

- 熟练掌握字符和段落格式的设置操作；
- 理解掌握查找、替换功能及操作；
- 熟练掌握文字和段落的边框底纹设置操作；
- 掌握首字下沉、项目符号及编号设置操作；
- 了解中文版式的几种操作方式及简繁转换功能。

实训内容

任务1 设置字符格式

打开D:\班级\坐高铁赏祖国美景.docx文档，完成以下操作：

1 设置字体、字形、字号、颜色

选择标题文字“**坐高铁赏祖国美景**”，单击“开始”选项卡下的段落组中的“居中”按钮；然后，单击“开始”选项卡下的“字体”组中的“对话框启动器”按钮，在弹出的“字体”对话框中的“字体”选项卡下，设置“字体”为“黑体”，“字号”为“三号”，“字形”为“加粗、倾斜”，“字体颜色”为“标准色红色”，如图3-7所示，再将正文选定，将正文设置为小四号字。

2 设置下划线、着重号、删除线、上标及下标

选中正文第六自然段文字，在“字体”对话框中的“字体”选项卡下，选择着重号；将正文第一自然段中的“**早饮广州茶、晚尝北京鸭**”选中，在“字体”对话框中的“字体”选项卡下，选择“效果”下的双删除线；将“**跨越塞北风区，飞过岭南山川，驰骋东北雪海，穿梭江南水乡**”选中，在“字体”对话框中的“字体”选项卡下，单击“下划线线型”列表，选择双波浪线线型，单击“下划线颜色”列表，

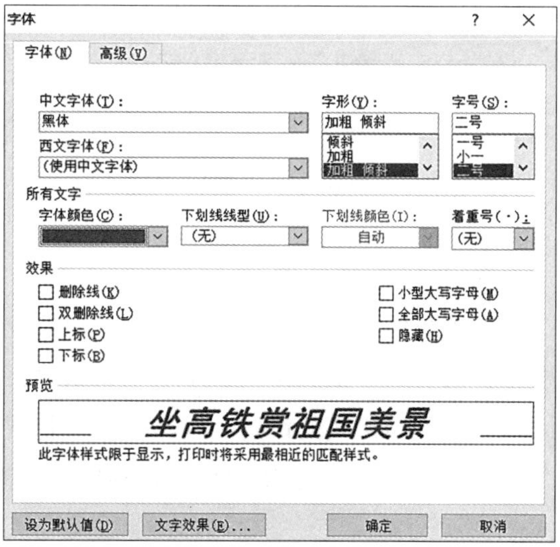

图3-7 字体设置对话框

选择标准色绿色；选中第一自然段中的“提升”，打开“字体”对话框，选择“字体”选项卡，将“效果”下的“上标”复选框勾选上；同理，将第五自然段中的“自主选座”设置为下标。分别将以上设置的文本内容设置成自己喜欢的颜色。

3 设置字符缩放、间距、位置

选中第二自然段中的**“交通强国，铁路先行”**，打开“字体”对话框，选择“高级”选项卡，设置字符缩放为200%；选中第四自然段中所有文字，打开“字体”对话框，选择“高级”选项卡，将其字符间距设置为加宽5磅；选中标题中的文字**“祖国美景”**，打开“字体”对话框，选择“高级”选项卡，将其位置设置为提升5磅。分别将以上设置的文本内容设置成自己喜欢的颜色，字符的缩放、间距、位置设置，如图3-8所示。

4 设置文字阴影、发光等文本效果

选中第五自然段中的第一句话，打开“字体”对话框，单击“文字效果”，在“设置文本效果格式”对话框中，单击“阴影”，打开“预设”列表，如图3-9所示。将选中文本设置为外部阴影，向右偏移。

在图3-9中单击“发光和柔化边缘”，打开“预设”列表，将选中内容设置为“发光变体”：蓝色，5pt发光，强调文字颜色1。

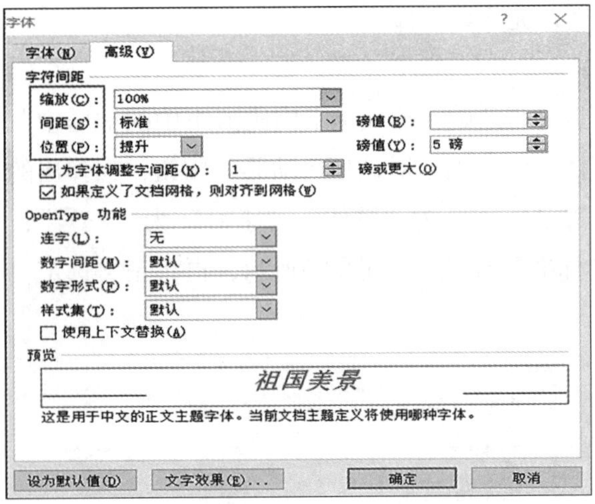

图3-8 字符缩放、间距、位置设置

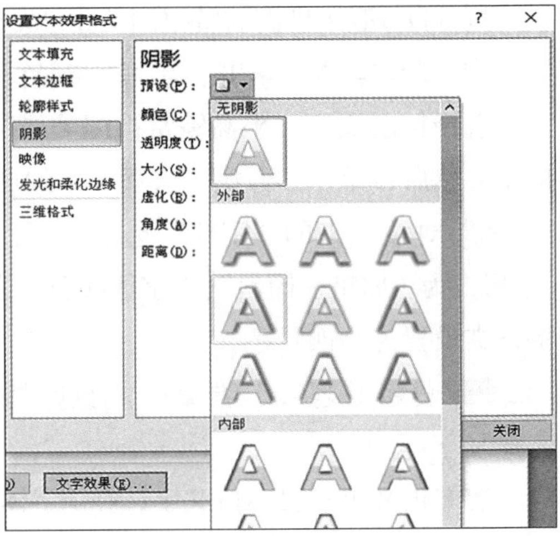

图3-9 文字阴影设置

5 格式刷的使用

设置相同格式的字符、段落样式可以使用“格式刷”功能来完成，其操作方法是：选中设置好文本效果的字符，单击“格式刷”工具，在需要设置相同格式的字符上拖动鼠标即可完成相同格式的设置。单击一次“格式刷”按钮可以使用一次“格式刷”功能，双击“格式刷”按钮可以多次使用“格式刷”功能，按Esc键取消“格式刷”功能。

将光标定位到文档的末尾，并换行（空两行），输入自己班级和姓名，并换行输入当前日期，然后利用格式刷工具对以上输入的两行内容复制标题格式。

完成以上操作后，将文件另存到D:\班级\实训二文件夹，文件名：任务1.docx。完成操作效果如图3-10所示。

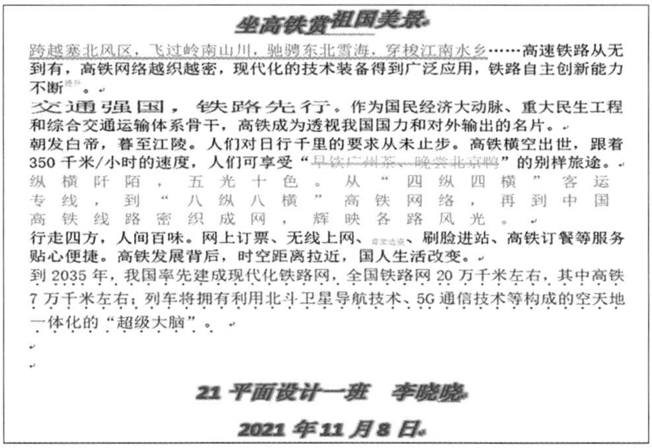

坐高铁赏祖国美景

跨越塞北风区，飞过岭南山川，驰骋东北雪海，穿梭江南水乡……高速铁路从无到有，高铁网络越织越密，现代化的技术装备得到广泛应用，铁路自主创新能力不断。

交通强国，铁路先行。作为国民经济大动脉、重大民生工程和综合交通运输体系骨干，高铁成为透视我国国力和对外输出的名片。

朝发白帝，暮至江陵。人们对日行千里的要求从未止步。高铁横空出世，跟着350千米/小时的速度，人们可享受“~~早饮广州茶、晚尝北京鸭~~”的别样旅途。

纵横阡陌，五光十色。从“四纵四横”客运专线，到“八纵八横”高铁网络，再到中国高铁线路密织成网，辉映各路风光。

行走四方，人间百味。网上订票、无线上网、、刷脸进站、高铁订餐等服务贴心便捷。高铁发展背后，时空距离拉近，国人生活改变。

到2035年，我国率先建成现代化铁路网，全国铁路网20万千米左右，其中高铁7万千米左右；列车将拥有利用北斗卫星导航技术、5G通信技术等构成的空天地一体化的“超级大脑”。

21平面设计一班　李晓晓

2021年11月8日

图3-10　完成操作效果图

任务2　设置段落格式及查找替换

巩固旧知：打开D:**班级**文件夹中的“**语言就是力量**.docx”文档，利用字体组面板中的工具按钮完成如下操作：

①将标题设置为黑体二号、加粗、居中；

②将正文设置为仿宋体小四号、加粗、标准色浅蓝；

③在文档末尾另起一行，输入“选自《读者文摘》第六期第18页第2版”。

1　段落格式设置

（1）设置对齐方式

选中以上文档正文的最后一行，单击“开始”选项卡下的“段落”组中的“对话框启动器”按钮，在弹出的“段落”对话框中的“缩进和间距”选项卡下，设置“对齐方式”为“右对齐”，如图3-11所示。

（2）设置特殊格式和段落缩进

特殊格式包括：首行缩进和悬挂缩进。选中正文，在“段落”对话框中的“缩进和间距”选项卡下，单击“特殊格式”下拉列表，设置首行缩进2字符；选中正文第二、三、四自然段，设置左缩进4字符，右缩进6字符，如图3-11所示。

（3）设置段落间距

选中正文的第一段，在“段落”对话框中的“缩进和间距”选项卡下，设置段

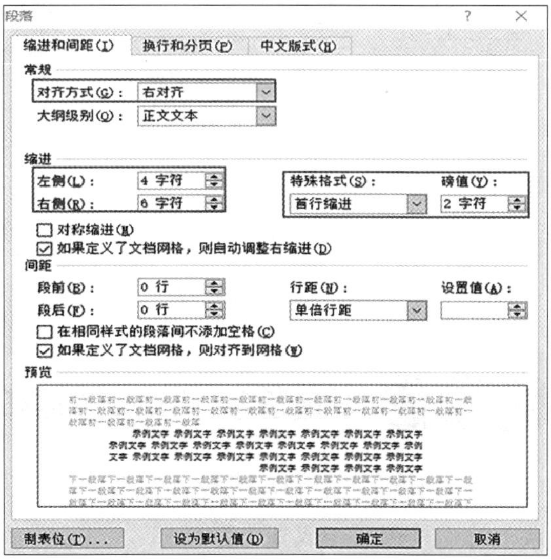

图3-11　对齐方式及缩进设置

前、段后各0.5行；选中正文最后一段，设置段落间距：段前0.5行，段后1.5行，段落间距设置如图3-12所示。

（4）**设置行距**

选中正文的第一段，在“段落”对话框中的“缩进和间距”选项卡下，单击“行距”下拉列表，设置1.5倍行距；选中正文最后一段“最后……”设置行距为固定值25磅，行间距设置如图3-12所示。

2 查找与替换操作

（1）**查找文档中的“以事实说话”几个字，替换为“从实际出发”**

选择“开始”|“编辑”|“替换”命令，在弹出的“查找和替换”对话框的“查找内容”文本框中，输入要替换格式的文字“以事实说话”，“替换为”文本框中输入“从实际出发”，单击“替换”按钮。

（2）**将文档中所有的“语言”设置为红色、方正粗黑宋简体、三号、加粗格式**

选择“开始”|“编辑”|“替换”命令，在弹出的“查找和替换”对话框的“查找内容”文本框中，输入“语言”，在“替换为”文本框中，输入“语言”，单击“格式”按钮，单击“字体”命令，打开“字体格式设置”对话框，设置字体颜色为标准色红色、字体为方正粗黑宋简体、字号为三号、字形加粗，单击确定，返回“查找和替换”对话框，单击“全部替换”按钮，如图3-13所示。

完成以上操作后，将文件另存到D:**班级\实训**二文件夹，文件名：**任务2**.docx。

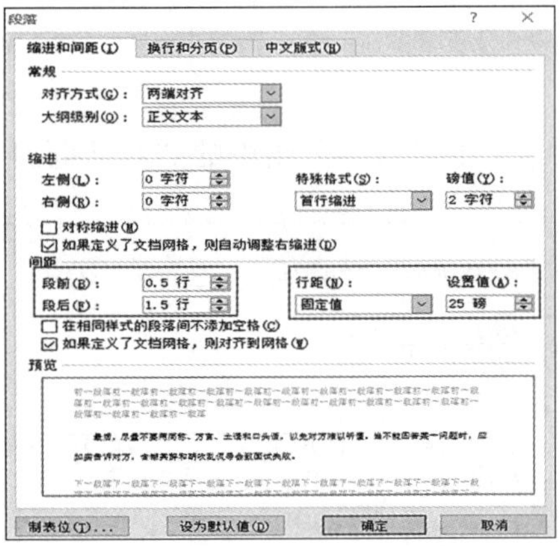

图3-12 段落间距及行距设置

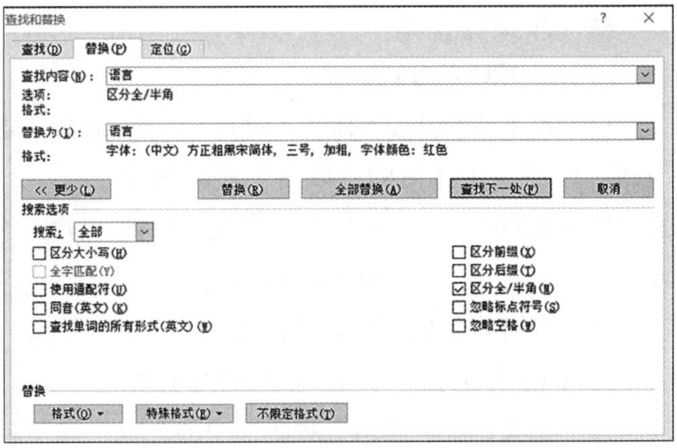

图3-13 批量替换文本格式操作

任务3 设置首字下沉及边框和底纹

巩固旧知：打开D:**班级**文件夹中的“坐高铁赏祖国美景.docx”文档，利用字体组面板中的工具按钮完成如下操作：

①将标题设置为黑体、二号、加粗、居中，文本效果：4行2列；

②将正文字符设置为：华文新魏、四号，首行缩进2字符。

1 设置首字下沉操作

将光标插入点定位在指定段落内的任何位置，也可以选定指定段落的第一个字，单击“插入”|“首字下沉”，打开“首字下沉”下拉列表，单击“首字下沉选项…”，打开“首字下沉”对话框，选择“下沉”，设置字体为华文细黑，设置下沉行数为2行，距正文距离0.1厘米（也可以设置为磅值），单击确定，如图3-14所示。

2 设置边框和底纹

（1）设置文字、段落边框

选中标题文字，单击“开始”选项卡|“段落”组面板上“下框线”旁边的下拉按钮（选择过一次后，系统将用“边框和底纹”按钮替换该按钮），在弹出的下拉列表中选择“边框和底纹…”选项，打开“边框和底纹”对话框，在“边框”选项卡下，选择“设置”下的方框选项，在样式列表中选择双线，“颜色”设置为标准红色，宽度1.5磅，应用于：文字，然后单击确定，如图3-15所示。

选中第五自然段，在“边框和底纹”对话框中，选择“设置”下的方框，在样式列表中选择粗细线，2.25磅，颜色为标准浅蓝色，应用于：段落，单击确定。

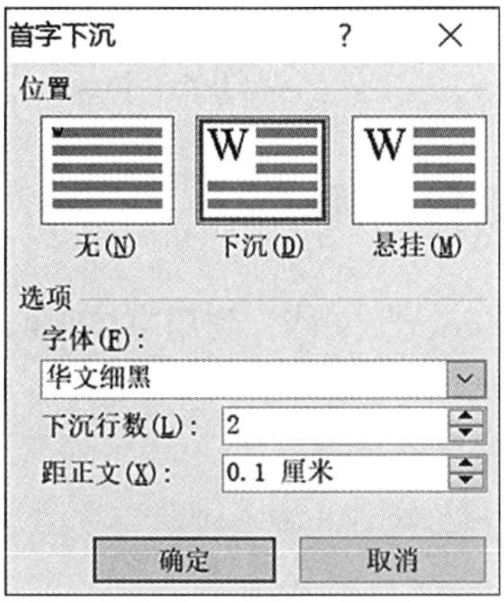

图3-14　设置首字下沉

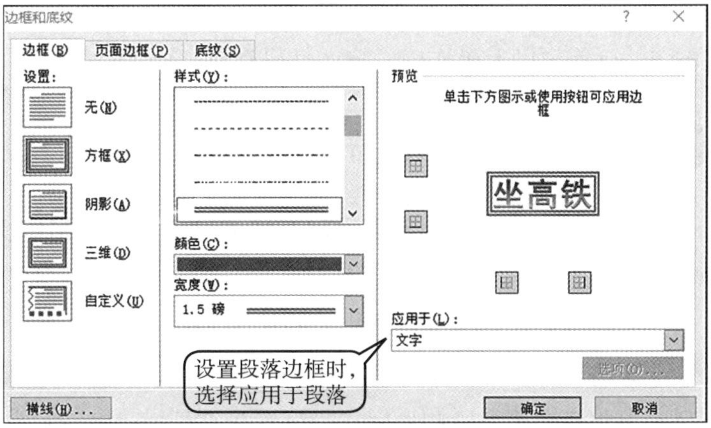

图3-15　设置文字边框

操作练习

①将文档中第二段的“交通强国，铁路先行”设置为阴影边框，颜色为橙色，宽度为2.25磅，应用于：文字。

②能不能将第三自然段设置成上、下双波浪线边框呢？请同学们自己尝试操作。

（2）设置文字、段落底纹

选中正文的第一自然段中的“高速铁路从无到有，高铁网络越织越密”，打开“边框和底纹”对话框，单击“底纹”选项卡，单击“填充”颜色列表，选择主题颜色中的“金色，强调文字颜色4”，应用于：文字，单击确定，如图3-16所示。

选中第三自然段，在“边框和底纹”对话框中“底纹”选项卡下，选择图案“样式”为“浅色网格”，颜色为标准色黄色，应用于：段落，单击确定，如图3-17所示。

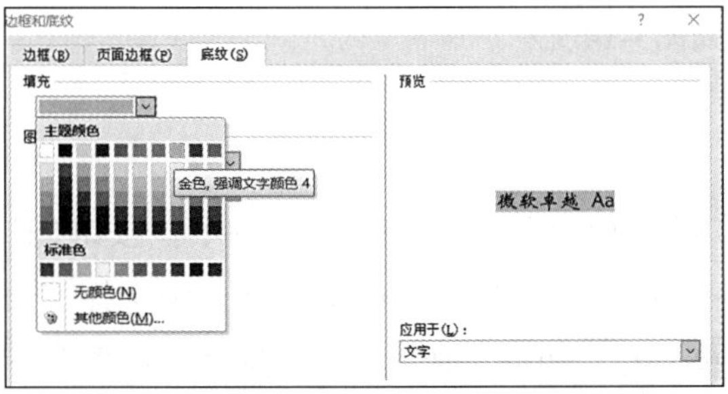

图3-16　填充文字底纹

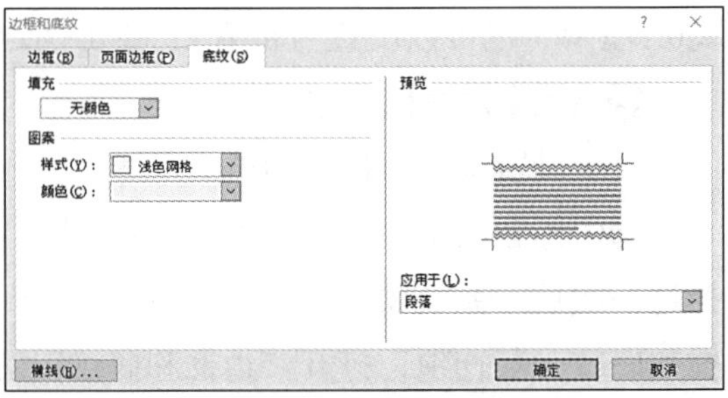

图3-17　设置段落底纹图案样式

操作练习

①将文中第五段填充底纹，填充颜色：标准浅绿色，应用于：文字。

②将文中最后一段填充底纹，图案样式为：深色横线，标准橙色，应用于：段落。

完成以上操作后，将文件另存到D:\班级\实训二文件夹，文件名：任务3.docx。

任务4　设置项目符号与编号、中文版式及简繁转换

巩固旧知：打开D:\班级文件夹中的“坐高铁赏祖国美景.docx”文档，利用字体组面板中的工具按钮完成如下操作：

①将标题设置为方正粗黑宋简体、二号、加粗、居中、标准色红色；

②将正文设置为华文仿宋体、四号、加粗、标准色紫色；

③将正文第一段和最后一段设置为首行缩进2字符。

1 设置项目符号及编号

将文档中第二、三、四、五段全部选中，单击“开始”|“项目符号列表”，如图3-18所示，选择需要的项目符号●。设置项目编号的操作方法同上。

项目符号库的符号可以通过“定义新项目符号…”方式添加，也可以通过“字体…”设置其字体、大小、颜色、字形等操作，如图3-18所示。

操作练习

在项目符号列表中添加新的符号⇨，并将该符号设置成红色、加粗，然后再将文中的第三段和第五段前分别设置成该项目符号。

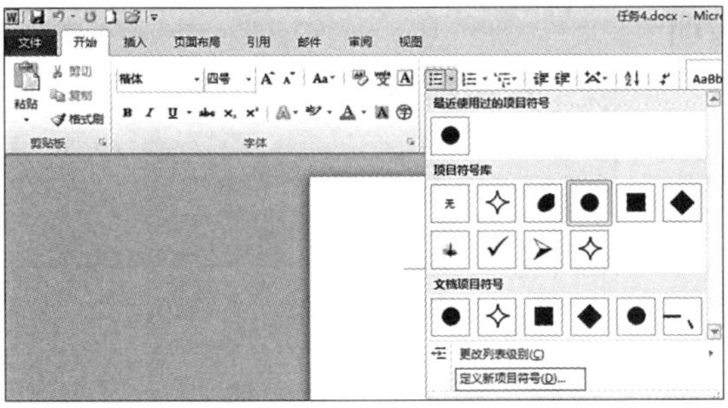

图3-18　项目符号设置

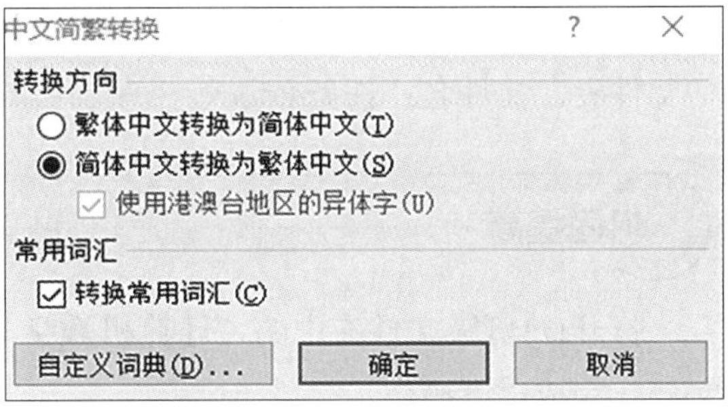

图3-19　设置中文简繁转换

2 简繁转换设置

选中标题文字，单击“审阅”|“简转繁换”，打开“中文简繁转换”对话框，单击“简体中文转换为繁体中文”单选项，单击确定，如图3-19所示。

3 中文版式设置

（1）带圈字符设置

分别选中正文最后一段中的“超级大脑”四个字，单击“开始”选项卡，在字体组面板工具中单击“带圈字符”，打开“带圈字符”对话框，选择“增大圈号”，将“超”设置为圆圈，“级”设置为方框，“大”设置为菱形，“脑”设置为三角形，如图3-20所示。

（2）给文字加拼音

将文档中第三段“**早饮广州茶、晚尝北京鸭**”选中，单击“开始”选项卡，在字体组面板工具中单击“拼音指南”，打开“拼音指南”对话框，设置字号为10，如图3-21所示。

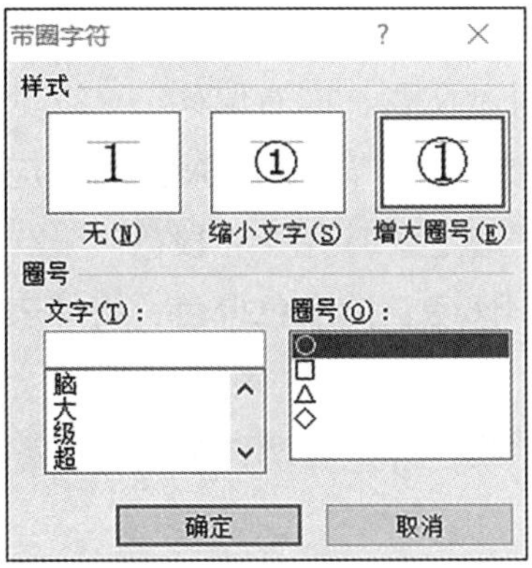

图3-20　设置带圈字符

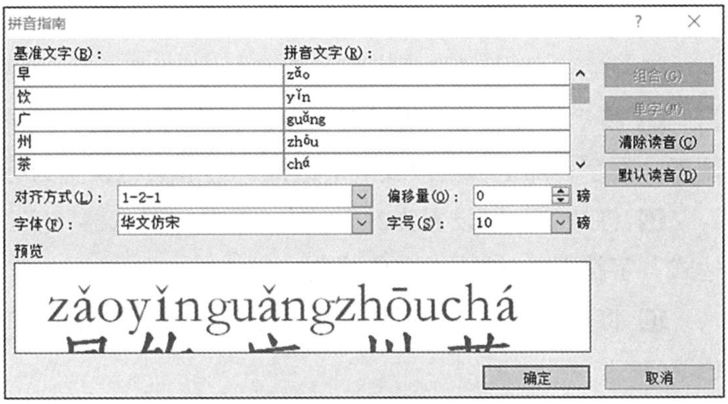

图3-21　拼音指南设置

（3）双行合一

将文中第五段中的“网上订票……高铁订餐”，设置为二号字，加粗，然后单击“开始”选项卡，在“段落”组面板工具中选择“中文版式”下拉列表，单击“双行合一”，打开“双行合一”设置对话框，如图3-22所示。

完成以上操作后，将文件另存到D:**班级****实训**一文件夹，文件名：**任务4.docx**。

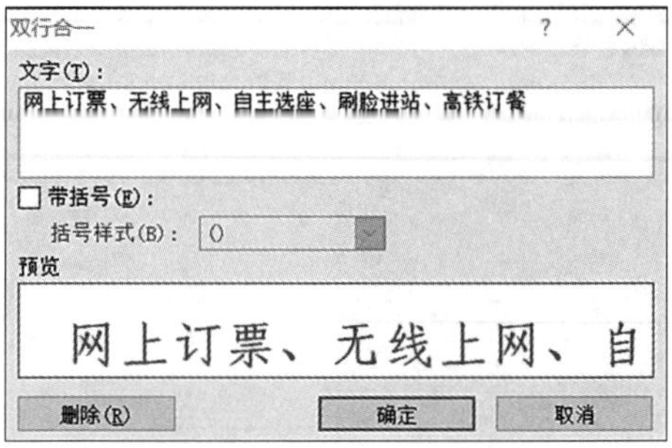

图3-22　双行合一设置

巩固提高

打开D:**班级**文件夹中的“**计算机教学.docx**”文档，完成以下操作：

1 将标题设为二号字、黑体、居中、倾斜，并设置为繁体字。

2 将正文设为首行缩进2个字符，华文楷体、四号字。

3 将第二段中“要注重课堂上的演示操作”设为三号字、华文行楷，字符颜色设置为标准色浅蓝，并加上拼音。

4 将第一段设置首字下沉，下沉字体为黑体、下沉2行、距正文5磅。

5 将第一段的最后一句话设置下划线：粗波浪线，标准色红色。给第一段末尾的“非常棘手”加上双删除线，字符颜色设置为标准色绿色。

6 将文档中最后一句话每个字都加上着重号，设为任意阴影字。

7 将第二段中文字“由于计算机……无法看清楚”，设置为二号字，加粗，双行合一。

8 将标题中的“教学”两个字设为上标，“教育”两个字设为下标，并将标题加上文字边框：线形为粗细线，颜色为标准色红色，宽度为2.25磅。

9 将最后一段中文字“学生的作业”，设置字符间距缩放200%，颜色为：标准色紫色，分别设置成四种带圈字符。

10 将第二段中的字符间距加宽2磅，并设置文本效果：外部阴影，向右偏移。

11 将第二段段落间距设置为段前、段后各1行；填充底纹白色，背景1，深色5%，应用于：文字；加上双波浪线上下边框，边框颜色设置为标准色蓝色，应用于：段落。

12 将最后一段设置为2倍行距，其中“调试器”字符提升6磅，标准色橙色；将“表达式”字符下降6磅，标准色黄色。

13 将第二段中“利用转换信号手段”设置文本效果，填充：无，轮廓：强调文字颜色2。

14 将文档中所有的“计算机”替换成“computer”，并设置为标准红色、加粗、二号。

15 在文档末尾输入：$a^2+b^2=c^2$ Fe_2O_3，并设置为二号字、加粗、居中。

完成以上操作后，将文件另存到D:**班级****实训**二文件夹，文件名：**巩固提高**.docx。

拓展训练

请运用所学知识技能制作出如下文字效果。

沈阳市装备制造工程学校

实训项目三

设置页面格式

实训目的

- 熟练掌握页边距、纸张等页面设置操作；
- 熟练掌握各种分栏及页眉页脚设置操作；
- 理解插入分隔符的意义及操作方法；
- 掌握文档水印及页面背景各种设置操作方法；
- 会使用脚注和尾注操作给文档添加注释；
- 掌握页码的插入方法及格式设置。

实训内容

巩固旧知：打开D:**班级**\\文件夹中的“**语言就是力量**.docx”文档，利用字体组面板中的工具按钮完成如下操作：

①将标题设置为方宋体、小二号、加粗、居中；

②将正文设置为首行缩进2字符，楷体、四号；

③将标题与第一自然段之间的间距设置为段后1行。

完成以上操作后，将文档另存到D:**班级**\\文件夹，文件名：“**语言**.docx”文档。

任务1 设置页面格式及插入页眉页脚

1 设置页眉页脚操作

（1）插入页眉

①单击“插入”选项卡下“页眉和页脚”组中的“页眉”下拉按钮，在弹出的下拉列表中选择“编辑页眉”选项，如图3-23所示。

②在页眉位置的文本框中输入页眉文本“中学生文学周刊”，并设置“字号”为“四

号”，加粗，标准色红色，右对齐。

（2）**插入页脚**

如果在页眉编辑状态下，可在“页眉和页脚工具”的“设计”选项卡中，单击“导航”面板上的“转到页脚”工具，即进入页脚的编辑状态，如图3-24所示。

图3-23　插入页眉

如需单独编辑页脚操作，单击“插入”选项卡下“页眉和页脚”组中的“页脚”下拉按钮，在弹出的下拉列表中，可根据需要选择内置选项，或者选择“编辑页脚”选项，然后输入页脚内容：班级+姓名+系统日期，方法与插入页眉相同。

按以上要求设置页眉和页脚，操作后的文档效果如图3-25所示。

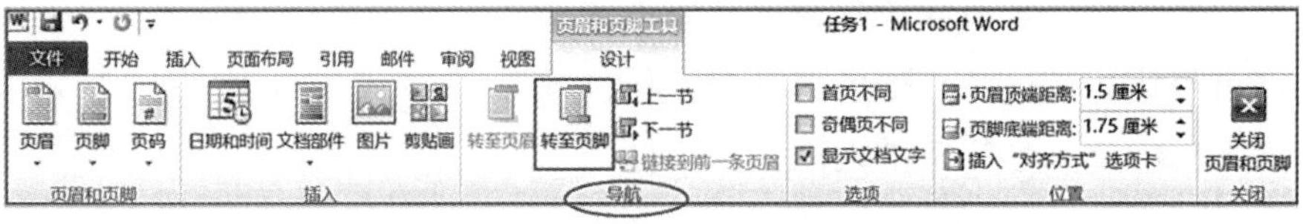

图3-24　转至页脚工具

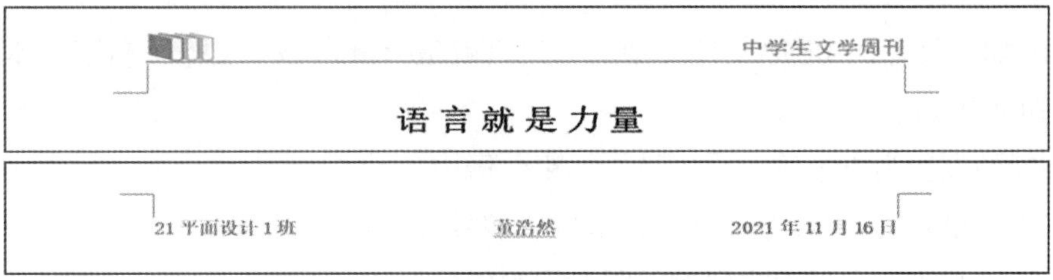

图3-25　设置完页眉和页脚的文档效果

（3）**退出页眉和页脚**

设置完页眉和页脚后，在“页眉和页脚工具”的“设计”选项卡下，单击“关闭页眉和页脚”按钮，即可退出页眉和页脚编辑状态，或者双击文档页面空白处，即返回到文档。

（4）**删除页眉上横线的方法**

如果删除页眉文字时，页面上还保留一根横线，那么删除此横线的方法是进入页眉编辑状态下，选中页眉后将其样式设置为“正文”即可。

图3-26　打开“页面设置”对话框

2 页面设置操作

页面设置包括纸张大小、页边距、文档网格和版面等。设置页面既可以在输入文本之前进行，也可以在输入的过程中或文本输入之后进行。

（1）**设置页边距、纸张方向**

①打开素材文件，单击“页面布局”选项卡下“页面设置”组中的“对话框启动器”按钮，如图3-26所示。

②在弹出的“页面设置”对话框的“页边距”选项卡下，分别设置“上”“下”页边距为2.5厘米，“左”“右”页边距为3厘米，如图3-27所示。

图3-27　设置页边距

（2）**设置纸张大小**

打开“页面设置”对话框，在“纸张”选项下，打开“纸张大小”列表，选择“自定义大小”，设置宽度为20厘米，高度为30厘米。

（3）**设置版式和文档网格**

在“页面设置”对话框的“版式”选项卡中设置页眉和页脚距边界的距离为1.2厘米和1.5厘米；在“文档网格”选项卡中设置文档网格为“指定行和字符网格”，每行字符数为“40”，最后单击“确定”按钮，即可完成页面设置操作。

> **操作小提示**　设置纸张大小、方向、页边距等操作时不必选中文本，只要插入点在页面内即可。

完成以上操作后，将文档另存到D:**班级\\实训**三文件夹，文件名：**任务1.docx**。

任务2 设置分栏及分隔符

1 设置分栏操作

（1）**栏宽相等分栏**

选中文档中需要分栏的文本，单击“页面布局”｜“分栏”，打开“分栏列表”，单击更多分栏，打开“分栏”对话框，设置栏数为“两栏”，分别将“栏宽相等”和“分隔线”两个复选框勾选，单击确定，如图3-28所示。

（2）**栏宽不相等分栏**

当分栏要求栏宽不相等时，确定栏数后，先取消栏宽相等设置，再进行各栏的栏宽字符设置，栏间距默认值为2.02字符，没有特殊要求无需改变，如图3-29所示。

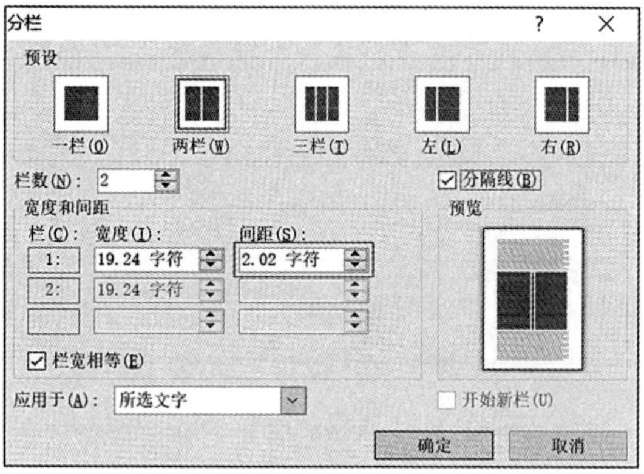

图3-28　设置栏宽相等分栏操作

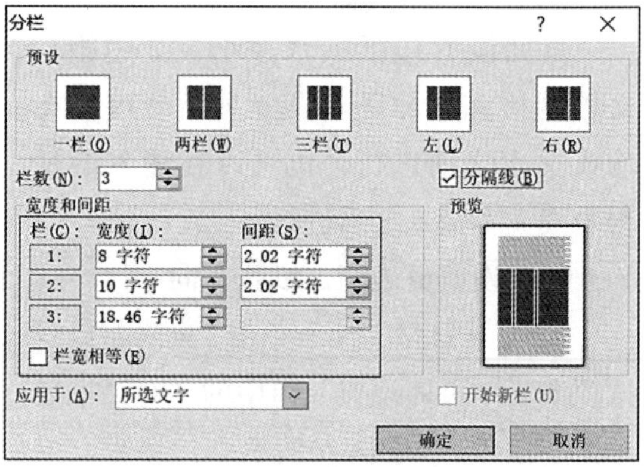

图3-29　设置栏宽相等分栏操作

操作练习

打开D:\班级\实训三\任务1.docx，将其另存到该文件夹中，文件名为：**任务2.docx**。将以上任务2.docx文档中的第二、三、四、五自然段选中，将其分为栏宽相等的三栏，并且加上分隔线。

2 插入分隔符

在Word编辑中，经常要对正在编辑的文档进行分开隔离处理。例如，因章节的设立需另起一页，或者因内容排版需要纸张由纵向改成横向等，这时就要使用分隔符。

分隔符包括分页符和分节符两种，如图3-30所示。

（1）**插入分栏符**

插入分栏符后，则分栏符后面文字将从下一栏开始。

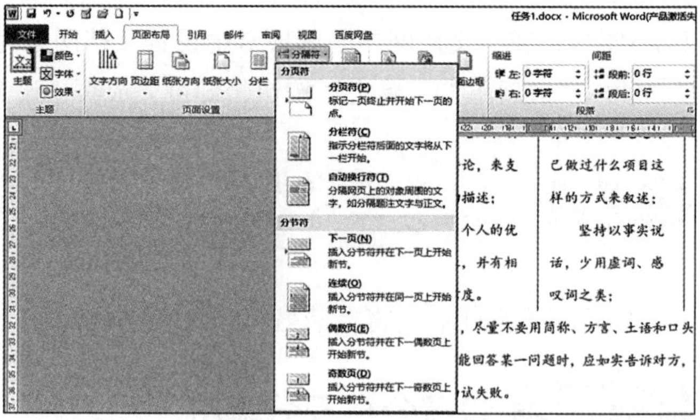

图3-30　分隔符设置

操作练习

在以上任务2.docx文档中，将第一栏文字“……并有相当的可信度”后面插入分栏符，并将第二栏文字“……感叹词之类；”后面插入分栏符，观察操作结果有怎样的变化。

（2）插入分节符

分节符是在一节中设置相对独立的格式时插入的标记。对每个节可设置单独的编排格式。例如，将两页设置成不同的纸张大小、不同的页边距、不同的艺术型页面边框等，都可以用分节的方式来设置其作用区域。

操作练习

①将光标定位到要分节的位置，例如以上任务2.docx中第一个自然段的结尾。

②单击“页面布局”选项卡下“页面设置”组面板上的“分隔符”按钮，在弹出的下拉列表中选择“分节符”类型中的“下一页”。

③用同样的方法在最后一个自然段前插入分节符“下一页”。

④两个分节符中间的文本，纸张设置为横向，大小为宽25厘米，高15厘米。

完成操作效果如图3-31所示。

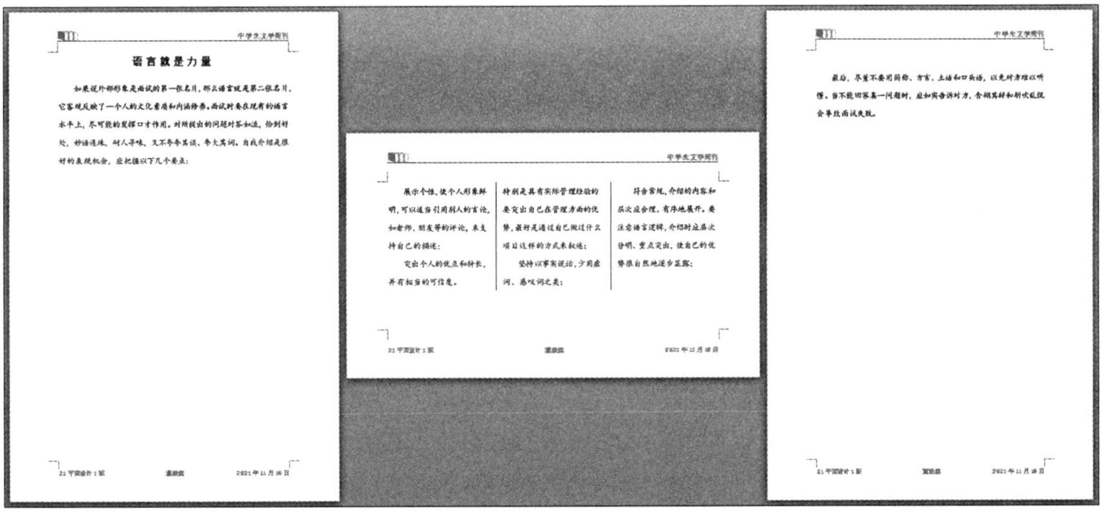

图3-31　插入分节符后操作效果图

（3）插入分页符

分页符是将文档从插入分页符的位置强制分页。在文档中插入分页符，表明一页结束而另一页开始。插入分页符的操作方法如下：

①将光标定位到要分页的位置；

②单击“页面布局”选项卡下“页面设置”组面板上的“分隔符”工具按钮，在弹出的下拉列表中选择“分页符”，则光标后的内容即被划分到下一页显示。

完成以上操作后，将文档“任务2.docx”原名保存到D:\班级\实训三文件夹中。

任务3 设置页面边框插入页码及脚注尾注

巩固旧知：打开D:**班级**\\语言.docx，将其另存到D:**班级****实训**三文件夹，文件名：**任务**3.docx，完成以下操作：

①插入页眉操作。内容：班级+姓名+创建日期，并设置为方正粗黑宋简体、红色、加粗、小四号，页眉顶端距离2.5厘米；

②将第三、四、五自然段分为两栏，加分隔线；

③利用插入分节符操作，将分栏部分设置为：纸张大小宽16厘米，高10厘米，横向；页边距上、下为2厘米，左、右为2.5厘米。

1 设置页面边框

操作步骤：将光标插入点定位在页面文本内任意位置，单击“页面布局”选项卡，点击“页面背景”组面板上的“页面边框”工具按钮，打开“边框和底纹”对话框，如图3-32所示。页面边框设置分为普通线型的边框和艺术型边框两种，普通线型的页面边框设置操作步骤同文字和段落边框设置。设置艺术型边框，单击“艺术型”下拉列表，选择艺术型边框图案，通过宽度列表调整图案的大小。宽度设置为15磅，应用于：整篇文档，单击“确定”按钮。

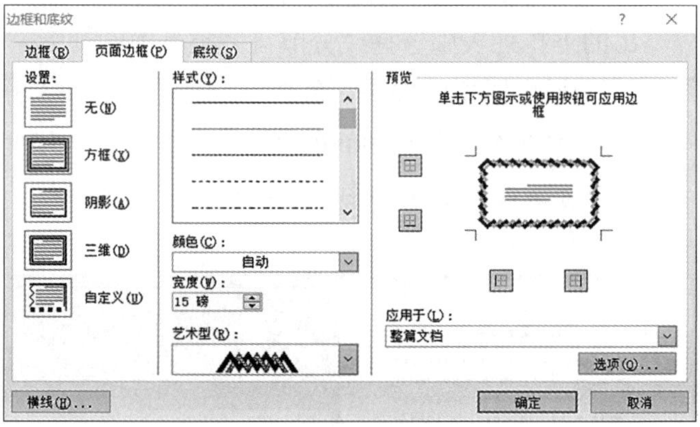

图3-32 设置艺术型页面边框

操作练习

试将以上任务3.docx文档中的分栏部分设置成任意艺术型边框，大小为15磅。

2 插入页码

单击“插入”选项卡，在“页眉和页脚”组面板工具中，单击“页码”下拉列表，如图3-33（a）所示，选择页码位置为页面底端“普通数字2”格式，进入页码编辑状态，在页眉页脚工具设计状态下，单击“页眉页脚”面板工具的“页码”下拉列表，单击“设置页码格式…”，打开“页码格式”对话框，设置页码格式为“-1-”形式。为了效果明显，可将页码设置为加粗、小四号，然后单击“关闭页眉和页脚”工具按钮，退出页码编辑状态。页码插入及格式设置如图3-33（b）所示。

3 插入脚注尾注

选择第一段中的“夸夸其谈”，加上红色双下划线，单击“引用”选项卡下“脚注”

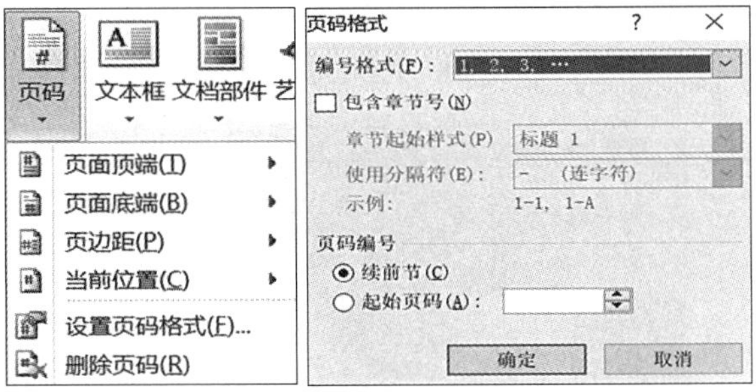

（a）　　　　（b）

图3-33　插入并设置页码格式操作

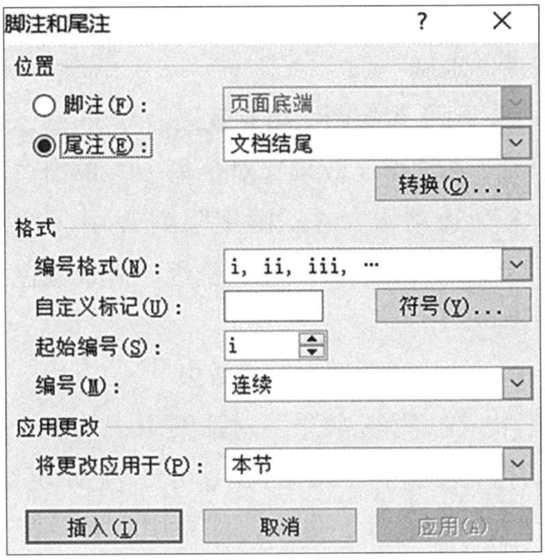

图3-34　脚注和尾注设置对话框

组启动器，打开“脚注和尾注”设置对话框，可修改编号格式，如图3-34所示。在文本选定部分尾部右上角位置显示标记“❶”，同时在当前页面底端出现脚注编辑状态，输入脚注内容：指说话或写文章时不作调查研究，滔滔不绝漫无边际地乱说一些不切实际的话。选中文档的标题，用同样的方法“插入尾注”，在标题尾部右上角显示标注 i ，同时在文档末尾显示尾注的编辑状态，输入尾注内容：选自《计算机应用基础实训指导》图3-1文本内容。

完成以上操作后，将文档**任务3**.docx原名保存到D:**班级****实训**三文件夹中。

任务4　设置页面颜色与文档水印

1 设置页面颜色

（1）设置渐变填充效果

单击“页面布局”选项卡下“页面背景”组面板工具中的“页面颜色”下拉列表，可以选择一种颜色的填充背景，也可以单击“填充效果…”，打开“填充效果”对话框，如图3-35所示，在“渐变”选项卡下，单击“预设”，打开“预设颜色”下拉列表，选择“雨后初晴”，“底纹样式”选择“斜下”，“变形”选择四分之三。

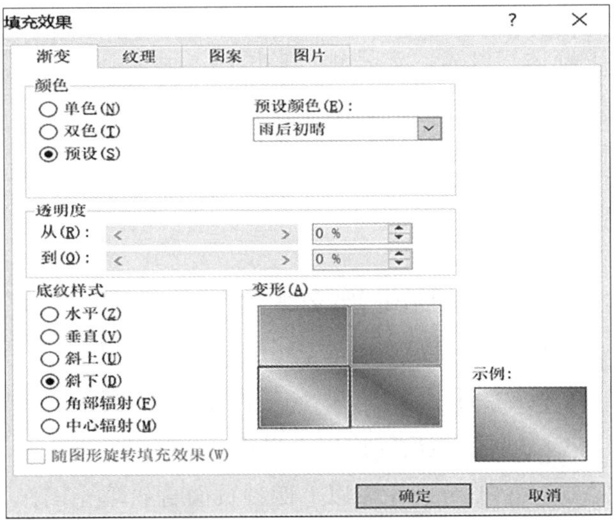

图3-35　设置页面填充效果

（2）设置纹理填充效果

在“填充效果”对话框中，单击

“纹理”选项卡，如图3-36所示，列表中选择“水滴”。

（3）**设置图案填充效果**

在“填充效果”对话框中，单击“图案”选项卡，在“图案”列表中，选择“小网格”，前景颜色为橙色，背景颜色为白色。

（4）**设置图片填充效果**

在“填充效果”对话框中，单击“图片”选项卡，如图3-37所示，在**D:\班级\图片素材\背景图片**文件夹中选择“**背景2.jpg**”图片。

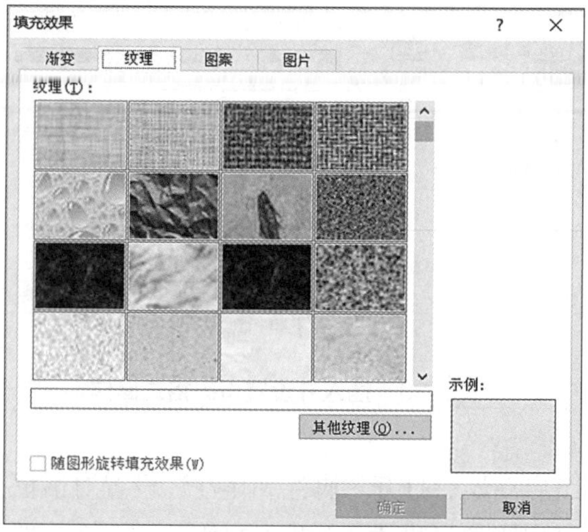

图3-36　设置纹理填充效果

2 设置水印背景

（1）**设置图片水印**

单击“页面布局”选项卡下“水印”列表中“自定义水印”，打开“水印”对话框，如图3-38所示。单击“图片水印”，再单击“选择图片…”，设置缩放500%，勾选“冲蚀”选项。

图3-37　设置图片填充效果

（2）**设置文字水印**

单击“页面布局”选项卡下“水印”下拉列表中“自定义水印”，打开“水印”对话框，单击“文字水印”，内容：部门绝密（也可以自设文字内容），字体：方正舒体，红色、字号48，半透明、斜式，如图3-38所示，并比较透明与半透明的效果有什么不同。

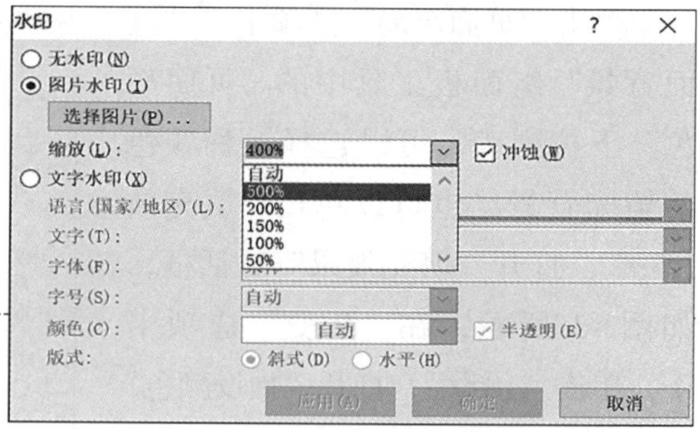

图3-38　水印设置

操作练习

打开**D:\班级\文本素材\坐高铁赏祖国美景.docx**，将其另存到**D:\班级\实训三**文件夹，文件名：**任务4.docx**，然后完成以下操作：

①分别完成以上四种页面背景填充操作，最终选择其中自己最喜欢的一种效果；加上文字水印效果，文字内容为：坐高铁赏祖国美景；字体设置为方正粗黑宋简体、

字号66、红色、斜式、半透明，完成设置后另存到D:**班级\实训**三文件夹中，文件名：**任务**41.docx。

②对文档**任务**4.docx设置图片水印效果，图片选择D:**班级\图片素材\高铁**.jpg，缩放：320%，完成设置后另存到D:**班级\实训**三文件夹中，文件名：**任务**42.docx。

完成以上操作效果如图3-39所示。

坐高铁赏祖国美景

跨越塞北风区，飞过岭南山川，驰骋东北雪海，穿梭江南水乡……高速铁路从无到有，高铁网络越织越密，现代化的技术装备得到广泛应用，铁路自主创新能力不断提升。

交通强国，铁路先行。作为国民经济大动脉、重大民生工程和综合交通运输体系骨干，高铁成为透视我国国力和对外输出的名片。

朝发白帝，暮至江陵。人们对日行千里的要求从未止步。高铁横空出世，跟着350千米/小时的速度，人们可享受“早饮广州茶，晚食北京鸭”的别样旅途。

纵横阡陌，五光十色。从“四纵四横”客运专线，到“八纵八横”高铁网络，再到中国高铁线路密织成网，辉映各路风光。

行走四方，人间百味。网上订票、无线上网、自主选座、刷脸进站、高铁订餐等服务贴心便捷。高铁发展背后，时空距离拉近，国人生活改变。

到2035年，我国率先建成现代化铁路网，全国铁路网20万千米左右，其中高铁7万千米左右；列车将拥有利用北斗卫星导航技术、5G通信技术等构成的空天地一体化的“超级大脑”。

图3-39　任务41与任务42操作效果图

巩固提高

1 输入如下【 】内文稿

【简单道理

从前，有两个饥饿的人得到了一位长者的恩赐：一根鱼竿和一篓鲜活硕大的鱼。其中，一个人要了一篓鱼，另一个人要了一根鱼竿，于是他们分道扬镳了。

得到鱼的人原地就用干柴搭起篝火煮起了鱼，他狼吞虎咽，还没有品出鲜鱼的肉香，转瞬间，连鱼带汤就被他吃了个精光，不久，他便饿死在空空的鱼篓旁。另一个人则提着鱼竿继续忍饥挨饿，一步一步艰难地向海边走去，可当他已经看到不远处那片蔚蓝的海洋时，他浑身的最后一点力气也使完了，他也只能眼巴巴地带着无尽的遗憾撒手人间。

还有两个饥饿的人，他们同样得到了长者恩赐的一根鱼竿和一篓鱼。只是他们并没有各奔东西，而是商定共同去找寻大海，他俩每天只煮一条鱼，他们经过遥远的跋涉，来到了海边。从此，开始了捕鱼为生的日子。几年后，他们盖起了房子，有了各自的家庭、子女，有了自己建造的渔船，过上了幸福安康的生活。】

2 对以上文档内容完成下列排版操作

①将标题文字设置为隶书、一号、加粗、居中，字符间距5磅，填充底纹：白色，背景1，深色35%。

②正文设置为华文楷体、四号，首行缩进2字符。

③将第二段从“另一个……”位置另起一段，作为第三自然段。

④第二段设置段间距：段前、段后各0.5行，加上图案底纹：浅色横线，颜色为标准紫色。

⑤将第一段的“分道扬镳”加上红色、三线、0.75磅边框。

⑥将第三段分为三栏，栏宽相等，加分隔线。

⑦将文档最后一句话填充底纹：主题颜色中的橙色，强调文字颜色6。

⑧给文档设置任意类型的页面边框，15磅。

⑨设置图片水印效果，根据图片原始尺寸设置缩放比，加冲蚀效果。

⑩设置页脚内容：三栏内容，学校+班级+姓名。

⑪将标题设置插入尾注：选自3月1日阳城晚报第4版。

⑫页面设置：上下页边距为2.5厘米，左右为3厘米；纸型自定义：高为28厘米，宽为20厘米，横向。

完成以上操作后，将文件另存到**D:\班级\实训**三文件夹中，文件名为：**巩固提高.docx**。

巩固提高操作完成效果如图3-40所示。

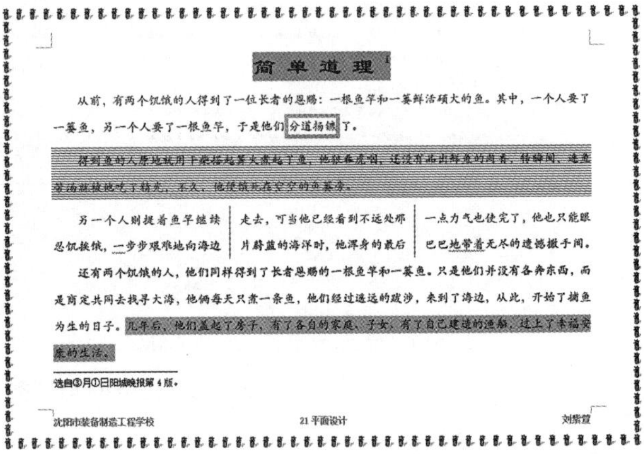
简单道理[1]

从前，有两个饥饿的人得到了一位长者的恩赐：一根鱼竿和一篓鲜活硕大的鱼。其中，一个人要了一篓鱼，另一个人要了一根鱼竿，于是他们分道扬镳了。

得到鱼的人原地就用干柴搭起篝火煮起了鱼，他狼吞虎咽，还没有品出鲜鱼的肉香，转瞬间，连鱼带汤就被他吃了精光，不久，他便饿死在空空的鱼篓旁。

另一个人则提着鱼竿继续忍饥挨饿，一步步艰难地向海边走去，可当他已经看到不远处那片蔚蓝的海洋时，他浑身的最后一点力气也使完了，他也只能眼巴巴地带着无尽的遗憾撒手人间。

还有两个饥饿的人，他们同样得到了长者恩赐的一根鱼竿和一篓鱼。只是他们并没有各奔东西，而是商定共同去找寻大海，他俩每天只煮一条鱼，他们经过遥远的跋涉，来到了海边，从此，开始了捕鱼为生的日子。几年后，他们盖起了房子，有了各自的家庭、子女，有了自己建造的渔船，过上了幸福安康的生活。

选自③月①日阳城晚报第4版。

沈阳市装备制造工程学校 21平面设计 刘紫萱

图3-40 巩固提高操作效果图

拓展训练

利用已学知识技能，为自己精心设计一张具有个性特点的名片。

实训项目四 图文混合排版

实训目的

- 掌握在文档中插入图片及艺术字的方法及格式设置；
- 理解掌握使用文本框的意义、插入操作方法及格式设置；

↘ 掌握形状、SmartArt图形及公式的插入操作方法；

↘ 掌握图文混合排版操作技巧，培养学生对美的鉴赏能力。

实训内容

任务1 插入剪贴画、图片及艺术字

打开D:**班级\\坐高铁赏祖国美景**.docx，将其另存到D:**班级\\实训四**文件夹，文件名：**任务1**.docx。

Word可在文档中插入图片，图片可以从剪贴画库、扫描仪或数码相机中获得，也可以从本地磁盘（来自文件）、网络驱动器以及互联网上获取，还可以选取Word本身自带的剪贴图片。

1 插入来自文件的图片

（1）插入图片操作

将鼠标指针定位到要插入图片的位置，单击“插入”选项卡下“插图”组中的“图片”按钮，在弹出的“插入图片”对话框中，选择需要插入的图片，然后单击“插入”按钮，即可将图片插入到文档中，如图3-41所示。

图3-41 插入图片操作

操作小提示

插入图片时，单击“插入”按钮右侧的下拉按钮，在弹出的下拉列表中显示3种方式：

①“插入”命令：与直接单击“插入”按钮的效果相同，所插图片直接保存在文档中。

②“链接到文件”命令：文档中所插图片与原图片建立链接，如果原图片文件被修改，则所插入图片随之更改；如果原图片被删除或存储位置有所移动，则插入到文档中的图片也会消失。

③“插入和链接”命令：图片可插入并且会保存在文档中，同时也与源文件建立了链接。

（2）**调整图片大小**

单击要编辑的图片，此时图片的四周会出现8个小方块（尺寸控制点），表示图片已选中。移动鼠标指针到尺寸控制点上，鼠标指针会变成双箭头形状，然后单击鼠标左键并拖曳即可调整图片大小，手动拖动对角点按原始比例缩放图片大小。右击图片，快捷菜单中选择“大小和位置…”，在“布局”对话框中，选择“大小”选项卡，可按原图片比例进行缩放，也可以精确设置图片的高度和宽度尺寸，如图3-42所示。

> **操作小提示**　在设置图片的绝对值尺寸时，要取消“锁定纵横比”和“相对原图片大小”两项设置；在对图片进行缩放时必须要选中这两项设置。

（3）**设置“文字环绕”效果**

右击图片，快捷菜单中选择“大小和位置…”，在“布局”对话框中，选择“环绕方式”选项卡，可以设置七种不同的环绕方式，在“自动换行”下，可以设置四种文字相对图片的位置，如图3-43所示。

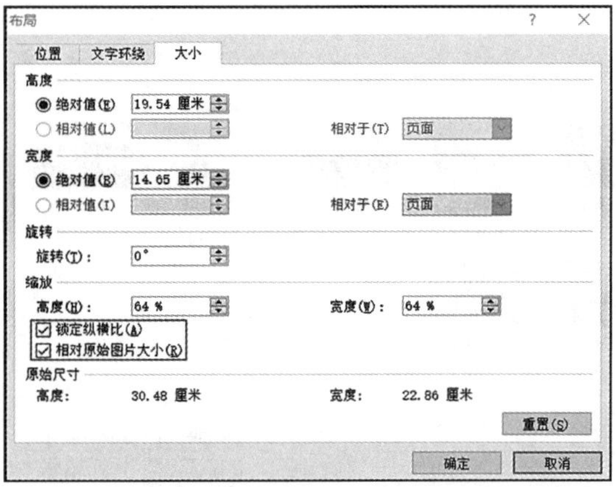

图3-42　设置图片尺寸

图3-43　设置图片环绕方式

（4）**删除图片背景**

①选中文档中的图片，单击“格式”选项卡“调整”组中的“删除背景”按钮即可。

②单击“优化”组中的“标记要保留的区域”按钮，调整需要保留的区域后，单击“关闭”组中的“保留更改”按钮，即可完成操作。

（5）**设置图片样式**

①选中一张图片，单击“格式”选项卡下的“图片样式”下拉按钮，在弹出的下拉列表中选择“双框架，黑色”样式，如图3-44所示。

图3-44　图片样式设置

②单击“图片样式”组面板上“图

片边框”按钮，选择“橙色”。

2 插入剪贴画

单击“插入”选项卡“插图”组中的“剪贴画”按钮，可以插入来自于Office媒体库中的图片文件，格式设置方法与上述插入来自文件的图片相同。

3 在文档中插入艺术字

（1）插入艺术字

将鼠标指针定位到要插入艺术字的位置，单击“插入”选项卡下“文本”组中的“艺术字”按钮，在弹出的艺术字样式列表中，选择需要的艺术字样式，在文档中的文本框内输入艺术字内容。也可以先在文档中选择文本，然后再按以上步骤插入艺术字。

（2）设置艺术字环绕方式（同图片环绕方式设置操作）

（3）设置艺术字形状

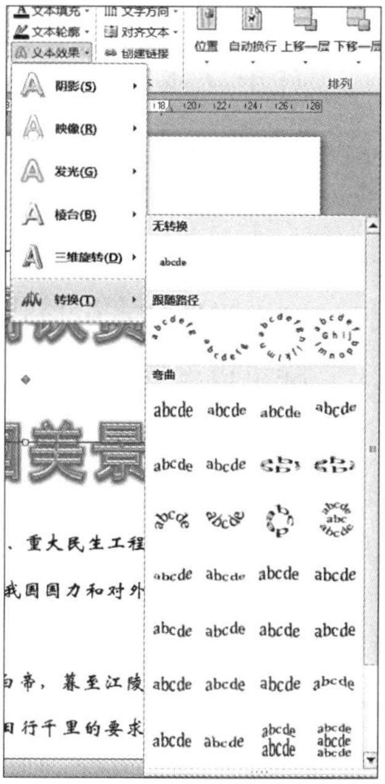

图3-45　设置艺术字形状

选中艺术字，单击“格式”选项卡，在艺术字样式组中单击“文本效果”|“转换”，即可以设置各种艺术字形状，如图3-45所示。

（4）设置艺术字阴影和发光

选中艺术字，单击“绘图工具格式”选项卡，在艺术字样式组中单击“文本效果”|“阴影”或“发光”，即可以设置艺术字阴影和发光效果，如图3-45所示。

完成以上操作后，将文件另存到D:**班级****实训四**文件夹，文件名：**任务1**.docx。

任务2 插入文本框及形状

打开D:**班级****中国传统节日**.docx文档，完成以下操作。

1 插入文本框

文本框是一种图形对象，可以放置在文档中的任意位置。文本框分为横向文本框和纵向文本框，下面以插入横向文本框为例，介绍其插入和编辑操作方法。

（1）插入横向文本框

图3-46　插入文本框

将鼠标插入点定位到第一段内，单击“插入”选项卡下“文本”组中的“文本框”下拉按钮，在弹出的下拉列表中选择“绘制文本框”命令，鼠标指针将变为十字形状＋，按住鼠标左键并拖动，即可手动绘制指定大小的文本框，如图3-46所示。

（2）**添加文本框文字**

右击文本框，快捷菜单中选择“编辑文字”。在文本框中输入文字“年俗文化知识简介”，设置三号字、黑体、加粗、任意文本效果、居中，调整文本框到合适大小。

（3）**设置文本框格式**

除可以设置文本框内字符格式以外，还可以设置文本框的格式，包括文本框的大小、位置、环绕方式、形状格式等，这些设置操作可参照图片格式的设置。

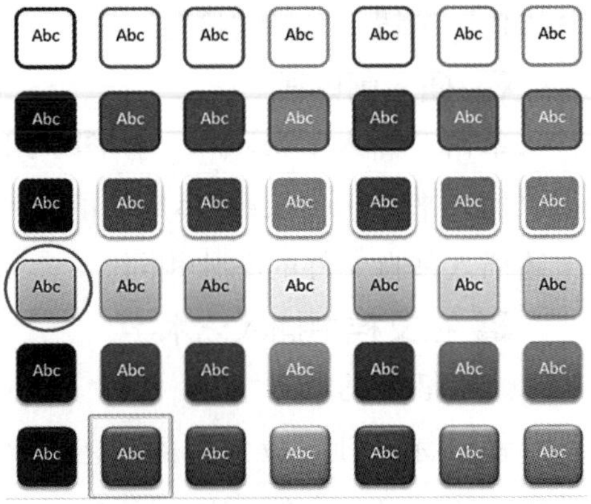

图3-47　设置文本框样式

（4）**设置文本框样式**

①选中文本框，单击“格式”选项卡下“形状样式”组中的“其他”按钮，打开主题样式列表框，从中选择所需要的主题样式：细微效果–黑色，深色1，如图3-47所示。

图3-48　文本框效果

②设置文本框形状效果：棱台-圆，此时为文本框添加了样式效果，如图3-48所示。

> **操作小提示**
>
> ①竖排文本框的插入与格式设置同于横排文本框设置，改变的只是文字方向。
> ②文本框内的文本可以放在页面的任意位置。
> ③将文本框的线条颜色和填充颜色设置为无时，只显示文本的效果。

操作练习

插入竖排文本框，输入内容：中华民族传统节日，并将字体设置为：方正粗黑宋简体、小一号、红色；文本框设置为：无填充、无线条，环绕方式：四周型，文字只在左边。

2 插入形状

插入形状包括插入现成的形状，如矩形和圆、线条、箭头、流程图、符号与标注等。

（1）**插入形状**

单击“插入”选项卡下“插图”组中的“形状”下拉按钮，在弹出的下拉列表中选择“星与旗帜”中的“双波形”，当鼠标指针变为十字形状时，在文档头部拖动鼠标绘制一个波形形状，填加文字内容：国家级非物质文化遗产，并设置字体为华文彩云、小一号、加粗、标准黄色；文本框填充为标准红色，线条无颜色，效果如图3-49所示。

（2）**设置形状样式**

选中图形后，单击“格式”选项卡下“形状样式”组中的“其他”按钮，在弹出的下拉列表中选择所需的样式，即可完成操作。方法同于设置文本框的形状样式。

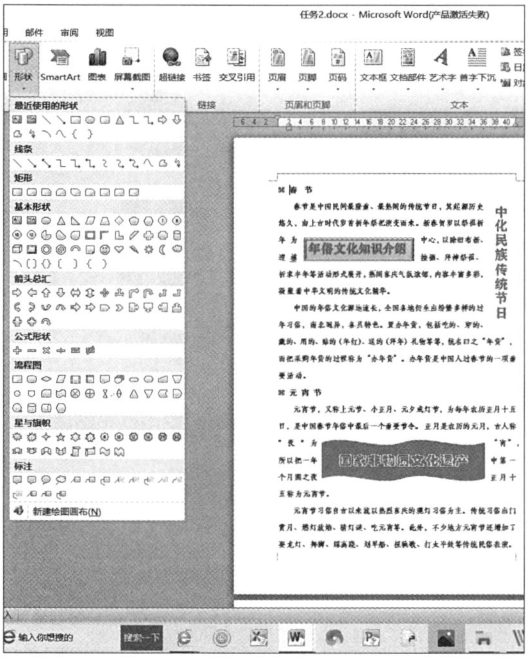

图3-49　插入形状

操作练习

①利用形状工具和文本框制作竖卷，如图3-50（a）所示。

②利用形状工具制作卡通人物，并突出自己的创意，如图3-50（b）所示。

（a）竖卷　　（b）卡通人物

图3-50　插入形状

（3）组合形状

在制作由多个形状组成的个体时，将多个形状组合成一个整体，这样会更加便于移动操作。

操作方法：将多个形状同时选中，单击“绘图工具格式”选项卡下“排列”组面板上的“组合”下拉列表，单击“组合”即可。当需要编辑调整单个形状时，选中整体，单击“绘图工具格式”选项卡下“排列”组面板上的“组合”下拉列表，单击“取消组合”可将整体分散成多个形状，即可对单个形状进行编辑调整。

完成以上操作后，将文件另存到**D:\班级\实训四**文件夹，文件名：**任务2.docx**。

任务3　插入组织结构图及公式

巩固旧知：打开**D:\班级\中国传统节日.docx**，将其另存到**D:\班级\实训四**文件夹中，文件名：**任务3.docx**，完成以下操作：

①设置页眉内容：中国传统节日，并设置为方正粗黑宋简、小三、居中对齐。

②将纸张方向设置为横向，并插入页码，格式设置同页眉。

1　插入组织结构图

将光标定位在第二自然段，单击“插入”选项卡下“插图”组面板上的SmartArt，打开“选择SmartArt图形”对话框，如图3-51所示。选择“连续块状流程”，连续添加两个形状，依次输入：春节、元宵节、清明节、端午节、中秋节，并将其设置为紧密型环绕。

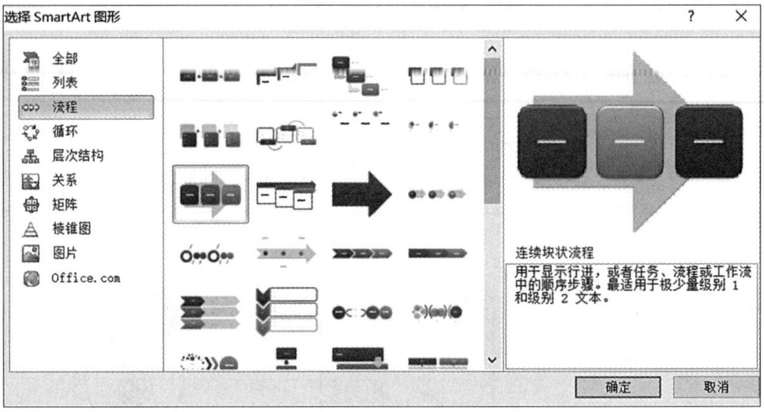

图3-51　插入SmartArt图形

图3-52　组织结构图

操作练习

在文档末尾处插入如图3-52所示的组织结构图。

2 插入公式

在文档末尾插入如图3-53所示的公式。

单击“插入”选项卡，在“文本”组面板工具中单击“对象”，打开“对象”对话框，如图3-54所示。在“对象”对话框中的“新建”选项卡下，单击“对象类型”列表中的“Microsoft 公式 3.0”，打开“公式”对话框插入公式，如图3-55所示。

完成以上操作后，将任务3.docx文档原名保存，操作效果如图3-56所示。

$$X=\frac{-b\pm\sqrt{b^2-4ac}}{2a}$$

图3-53　插入公式

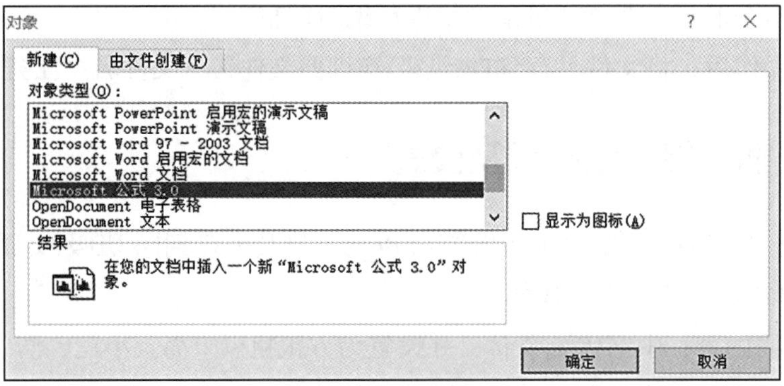

图3-54　插入对象

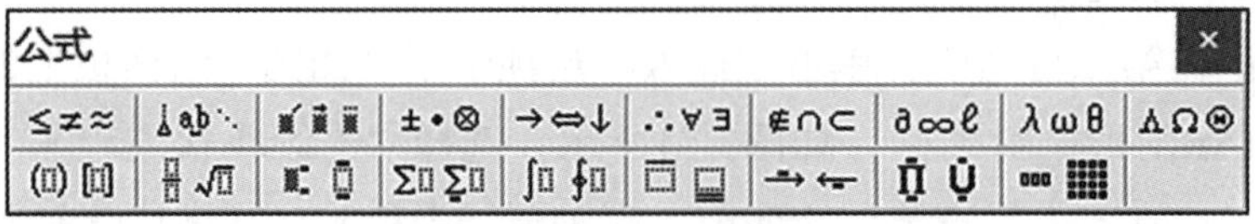

图3-55　“公式”对话框

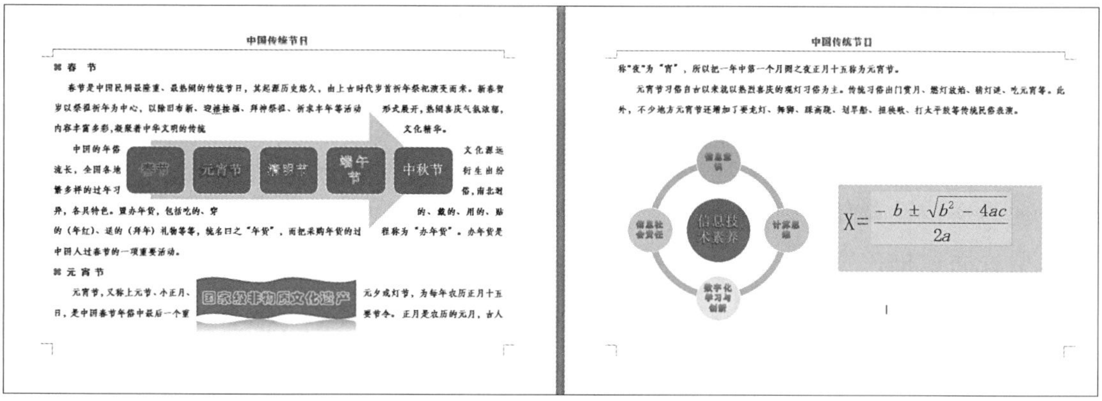

图3-56　任务3操作效果图

巩固提高

打开D:**班级\成长与成功**.docx，将文档另存到D:**实训四**文件夹，文件名：**巩固提高**.docx，完成以下操作：

①将标题设置为黑体、一号、加粗、居中，任意文本效果，然后将标题中的“与”设置为带圈字符“棱形”。

②将正文设置为华文中宋、小四号，首行缩进2个字符。

③将第一自然段中的“作茧自缚”设置为蓝色、红色双下划线、字符提升5磅，然后利用格式刷工具将第一段中的“精卫填海”和“愚公移山”复制成相同的格式。

④将第二自然段中的第一句话设置为红色、加粗，任意阴影效果，字符缩放150%；并将第二段分成栏宽相等的两栏，加分隔线。

⑤在第三自然段中插入如样文所示剪贴画（搜索文字“成功”），大小为高5厘米、宽8厘米，文字环绕方式：紧密型，文字只在左侧。

⑥第四自然段中的“一步一个脚印，消磨的是时间，递进的却是成功的距离”设置为标准色橙色，加着重号，字符间距为3磅。

⑦将最后自然段填充底纹：橙色，强调文字颜色6、淡色40%，应用于：文字。

⑧参照样文，插入页眉（班级+姓名），插入页脚（系统时间），分别设置为黑体、小四号。

⑨参照样文，插入竖排文本框。内容：坚持的昨天叫立足，坚持的今天叫进取，坚持的明天叫成功。设置格式为：小三、加粗、标准色蓝色。文本框设置渐变填充：薄雾浓云，形状效果设置为：棱台。

⑩参照样文，插入如图所示的SmartArt图形，输入相应的文字，并将其环绕方式设置为紧密型，大小调整适当。

⑪在样文所示位置，插入任意类型的艺术字，艺术字内容：目标决定方向，行动成就未来；将艺术字的环绕方式设置为：四周型，形状设置为：朝鲜鼓。

⑫选择第三自然段中的“海伦凯勒”加上红色粗下划线，并插入脚注内容：“（Helen Keller，1880年6月27日—1968年6月1日），著名美国女作家、教育家、慈善家、社会活动家。”

⑬选择标题文字“成长与成功”，插入尾注内容：文章选自《第一范文》网。

⑭为文档设置任意艺术型页面边框，宽度为12磅；页面颜色填充：紫色、强调文字颜色4、淡色80%。

⑮页面设置：页边距上下为2.5厘米，左右为2.6厘米；纸张大小宽为21厘米，高为30厘米。

完成以上操作后，将文件保存到**D:\班级\实训四**文件夹，文件名：**巩固提高**.docx。

巩固提高完成操作效果如图3-57所示。

图3-57　巩固提高操作效果图

拓展训练

请自行搜索素材，以感恩为主题，设计一个电子板报。

实训项目五 表格制作编辑

实训目的

- 熟练掌握创建表格、编辑表格及表格格式化操作；
- 会对表格数据计算、排序及文字与表格转换；
- 能够独立完成各种复杂表格的制作。

实训内容

任务1 插入表格与表格编辑

1 插入表格操作

打开Word文档，单击“插入”选项卡下“表格”组的“表格”命令创建表格，插入表的方法有以下2种。

（1）鼠标拖动方法

将光标定位到需要添加表格的位置，单击“表格”组的“表格”按钮，在弹出的下拉列表中拖动鼠标设置表格的行列数目，这时可在文档中预览表格，释放鼠标即可在光标处按选中的行列数增添一个空白表格，如图3-58所示。这种方法添加的最大表格为8列10行。

图3-58 鼠标拖动法插入表格

（2）“插入表格”设置方法

在图3-58中选择“插入表格”命令，打开“插入表格”对话框，如图3-59所示，输入“列数”“行数”的数值及相关参数，单击“确定”按钮即可插入一个空白表格。

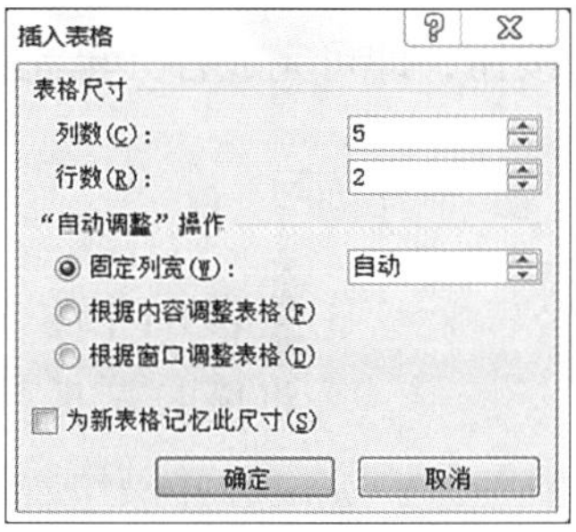

图3-59 “插入表格”设置

操作练习

在文档中插入一个6行6列的表格，并输入文本内容，如表3-1所示。

表 3-1 课程表

时间	星期一	星期二	星期三	星期四	星期五
8:00—9:00	语文	数学	图形图像	语文	色彩
10:00—11:00	职业道德	英语	英语	数学	色彩
午休					
15:00—16:00	计算机	图形图像	体育健康	构成	休息
17:00—18:00	技能	自习	扫除	班会	

2 编辑表格操作

（1）设置行高和列宽

选中整个表格，选择“表格工具”下的“布局”选项卡，设置行高度为0.8厘米，列宽度为2.4厘米，如图3-60所示。

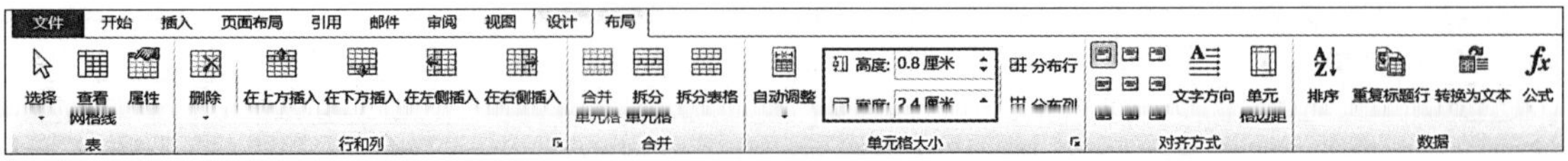

图3-60　设置行高和列宽

（2）**鼠标调整表格行高**

根据表格内容，通过拖动鼠标的方法也可以完成行高列宽的调整操作。将鼠标指向表格内需要调整行的上下边线，或需要调整的列的左右边线，当鼠标指针变成或者时，拖动鼠标调整。

（3）**合并单元格**

选中需要合并的所有单元格，单击“布局”选项卡下“合并”组中的“合并单元格”按钮，即可完成合并单元格的操作。

操作练习

①将表3-1中的“午休”所在行单元格进行合并。

②将星期五下午的两节课所对应的两个单元格进行合并。

完成合并操作后如表3-2所示。

表 3-2　合并单元格后的课程表

<table>
<tr><th>时间</th><th>星期一</th><th>星期二</th><th>星期三</th><th>星期四</th><th>星期五</th></tr>
<tr><td>8:00—9:00</td><td>语文</td><td>数学</td><td>图形图像</td><td>语文</td><td>色彩</td></tr>
<tr><td>10:00—11:00</td><td>职业道德</td><td>英语</td><td>英语</td><td>数学</td><td>色彩</td></tr>
<tr><td colspan="6">午休</td></tr>
<tr><td>15:00—16:00</td><td>计算机</td><td>图形图像</td><td>体育健康</td><td>构成</td><td rowspan="2">休息</td></tr>
<tr><td>17:00—18:00</td><td>技能</td><td>自习</td><td>扫除</td><td>班会</td></tr>
</table>

如果需要拆分单元格，选中需要拆分的单元格后，单击“布局”选项卡下“合并”组中的“拆分单元格”按钮即可。

（4）**插入行、列、单元格操作**

选中单元格后右击鼠标，在弹出的快捷菜单中，选择“插入”命令，在子菜单中可以根据需要来选择插入行、列或单元格等选项。

操作练习

在表格最后一列后插入一列，输入表格项“星期六日”，并将下面的单元格全部合并，输入“周末休息”，如表3-3所示。

表 3-3　插入列后课程表

时间	星期一	星期二	星期三	星期四	星期五	星期六日
8:00—9:00	语文	数学	图形图像	语文	色彩	周末休息
10:00—11:00	职业道德	英语	英语	数学	色彩	
午休						
15:00—16:00	计算机	图形图像	体育健康	构成	休息	
17:00—18:00	技能	自习	扫除	班会		

（5）删除行、列、单元格

选中单元格后右击鼠标，在弹出的快捷菜单中选择“删除单元格”命令，在弹出的对话框中选择所要删除的选项，如行、列或单元格。

（6）平均分布各行、各列

选中需要均匀设置的所有行或列，选择“表格工具”下“布局”选项卡的分布行按钮分布行、分布列按钮分布列。

（7）设置单元格文字对齐方式

单击“移动控制点”按钮，选择整个表格，在“布局”选项卡下的“对齐方式”组中单击“水平居中”按钮，如图3-61所示。

（8）设置文字方向

选中单元格，单击“布局”选项卡下“对齐方式”组中的“文字方向”按钮，如图3-61所示，可将横排的文字方向设置成纵向排列。例如：将表3-1中所有内容设置为中部居中对齐，并将“周末休息”设置文字方向为纵向。操作结束后效果如图3-62所示。

完成以上操作后，将表格保存到**D:\班级\实训五**文件夹，文件名：**任务1.docx**。

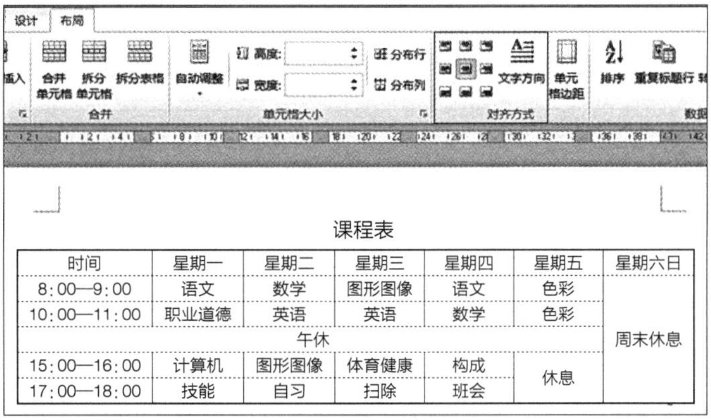

图3-61　设置文字对齐方式

课程表

时间	星期一	星期二	星期三	星期四	星期五	星期六日
8:00—9:00	语文	数学	图形图像	语文	色彩	周末休息
10:00—11:00	职业道德	英语	英语	数学	色彩	
午休						
15:00—16:00	计算机	图形图像	体育健康	构成	休息	
17:00—18:00	技能	自习	扫除	班会		

图3-62　设置对齐方式与文字方向效果

操作练习

制作某公司的员工工资表（表3-4）。制表要求：表格列宽为2.8厘米，表格第一行行高为1厘米，其他行高为0.8厘米；表中所有文字水平居中对齐；表格设置在页面居中。

表 3-4　某公司员工工资表

姓名	基本工资（元）	奖金（元）	总工资（元）
章健	2600	500	
李娇娇	3000	400	
周文涛	2700	200	
彭亮	2500	300	
冯向前	3500	200	
范勇	3900	500	
赵奕博	2800	300	

任务2　绘制表格方法及表格格式化设置

1 绘制表格操作方法

在图3-58中，选择“绘制表格”命令，鼠标会变成铅笔状，同时打开绘图工具组，如图3-63所示。可以利用其中的工具按钮设置表格边框线，或擦除绘制错误的表格线等。

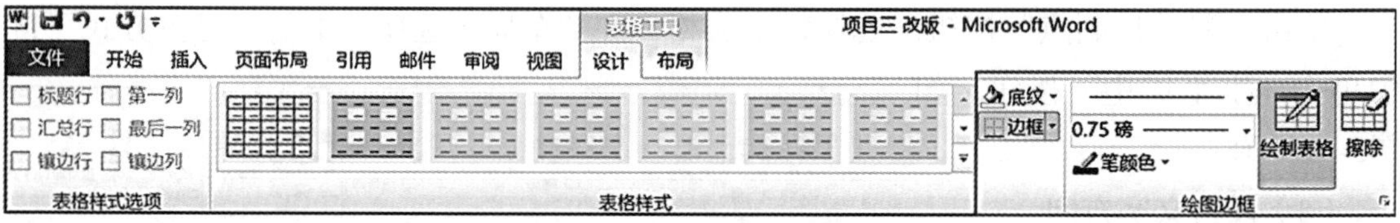

图3-63　绘制表格工具组

2 表格格式化设置

（1）设置边框

选中整个表格后，单击“表格工具”下的“设计”选项卡，设置相应的表格“笔样式”，“笔画粗细”为1.5磅，“笔颜色”为默认，然后单击图3-63中“边框”下拉按钮，选择应用范围为“外侧框线”，同样方法设置内框线为1.0磅，红色。

（2）填充表格底纹

选中需要设置底纹的单元格，单击“设计”选项卡下“表格样式”组中的“底纹”下拉按钮，选择所需颜色。分别填充表格中“午休、休息和周末休息”三个单元格底纹为浅绿色，操作结束效果如表3-5所示。

表 3-5　设置边框和底纹后课程表

<table>
<tr><th>时间</th><th>星期一</th><th>星期二</th><th>星期三</th><th>星期四</th><th>星期五</th><th>星期六日</th></tr>
<tr><td>8:00—9:00</td><td>语文</td><td>数学</td><td>图形图像</td><td>语文</td><td>色彩</td><td rowspan="5">周末休息</td></tr>
<tr><td>10:00—11:00</td><td>职业道德</td><td>英语</td><td>英语</td><td>数学</td><td>色彩</td></tr>
<tr><td colspan="6">午休</td></tr>
<tr><td>15:00—16:00</td><td>计算机</td><td>图形图像</td><td>体育健康</td><td>构成</td><td rowspan="2">休息</td></tr>
<tr><td>17:00—18:00</td><td>技能</td><td>自习</td><td>扫除</td><td>班会</td></tr>
</table>

3 制作不规则的表格

制作零用现金支出凭单（表3-6）。操作方法及步骤如下：

①利用绘制表格工具，绘制出表格外框；

②将表格内分成10行2列，先均匀各行，再把第6行拖动加宽；

③按样表所示位置画出右侧第2条和第3条竖线；

④按照样表显示效果，调整表格各行高、列宽；

⑤设置表格外框线为1.5磅，内框线为1.0磅；

⑥用擦除器擦除表格多余线条；

⑦输入表格内文字。

表 3-6　零用现金支出凭单

<table>
<tr><td rowspan="2">零用现金支出凭单
PETTY CASH VOUCHER</td><td colspan="3">部门 Department</td></tr>
<tr><td colspan="3">科室 Section</td></tr>
<tr><td>姓名 Name</td><td colspan="3">编号 Number</td></tr>
<tr><td colspan="2">物品 Item</td><td colspan="2">金额 Amount</td></tr>
<tr><td colspan="2"></td><td></td><td></td></tr>
<tr><td></td><td>总计 Total</td><td></td><td></td></tr>
<tr><td>申请人 Required by</td><td colspan="3">核准人 Authorized by</td></tr>
<tr><td>签名 Signature</td><td colspan="3">签名 Signature</td></tr>
<tr><td>日期 Date</td><td colspan="3">日期 Date</td></tr>
</table>

完成以上操作后，将表格保存到**D:\班级\实训五**文件夹，文件名：**任务2.docx**。

任务3 表格数据计算排序及文字与表格转换

巩固旧知：制作成绩单（表3-7）。制表要求：外框线1.5磅，内框线1.0磅；表中第一条横线为双线；表格行高0.8厘米，列宽2.15厘米；表格内所有文本加粗并居中对齐；表头加斜线。

表 3-7　成绩单

姓名	毛概	英语	计算机	体育	语文	总成绩
赵立平	80	90	91	60	80	
程扬	86	86	87	78	84	
宋玲	75	80	67	80	75	

1 数据计算

①将光标定位在成绩单表格中的“赵立平”的“总成绩”单元格中。

②选择“表格工具”下“布局”选项卡的“数据”组，单击“公式”命令，出现“公式”对话框，如图3-64所示。

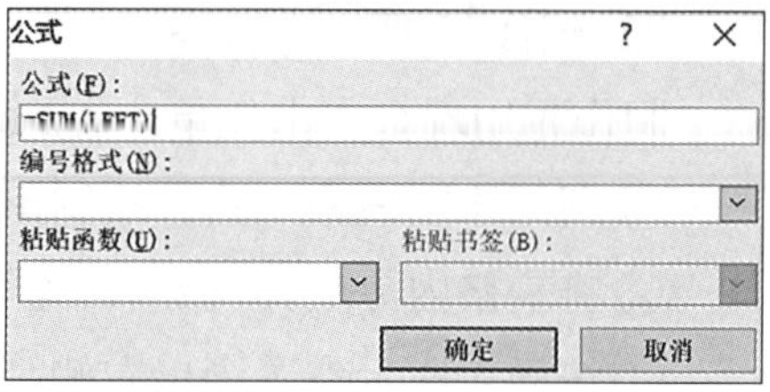

图3-64 “公式”对话框

③在“公式”框中自动出现求和运算公式，单击“确定”。

④重复上面的操作，将其他学生的总成绩计算出来。

> **操作小提示** 在计算表格第二行“程扬”的总成绩时，公式栏中会出现“=sum(above)”，这时应将括号内“above”改为“left”。

2 数据排序

①将光标定位在成绩单表格中“总成绩”列内任意单元格中，或者选定该列；

②选择“表格工具”下“布局”选项卡的“数据”组，单击“排序”命令，出现“排序”对话框，如图3-65所示。设置主要关键字为“总成绩”，类型为“数字”，降序。字符型数据排序时，类型列表选择“拼音”。当主要关键字排序值相同时，可考虑次要关键字。

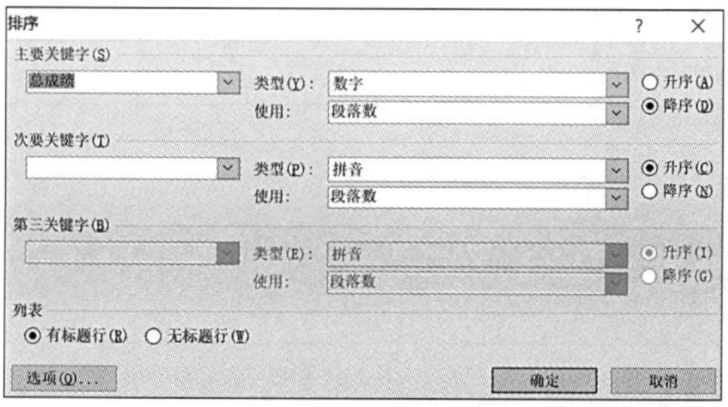

图3-65 数据排序

3 文本与表格转换

(1)表格转换文本

选中整个表格，选择“表格工具”下“布局”选项卡，单击“转换为文本”，打开“表格转换成文本”对话框，设置文字分隔符，单击“确定”。

(2)文字转换成表格

选中文本，单击“插入”选项卡下“表格”组的“文本转换成表格”命令，打开“文本转换成表格”对话框，单击“确定”。

操作练习

1. 将以下文本转换成表格，文字分隔符位置选择制表符。

姓名	性别	出生年月	家庭住址	联系电话
郝毅	男	1999.10	沈河区	13566767766
李冬	男	2000.05	和平区	18724242222
王娟	女	1998.12	大东区	17045678899

2．制作如表3-8所示的表格，并利用公式计算表格中的总销售额和平均销售额。

表 3-8　图书销售数据表

季度	红楼梦	水浒传	三国演义	西游记	平均销售额
一季度	80	85	78	89	
二季度	120	96	82	85	
三季度	115	113	65	92	
四季度	90	125	98	116	
总销售额					

完成以上操作后，将表格保存到D:\班级\实训五文件夹，文件名：**任务3.docx**。

任务4　制作个人简历表

操作练习

1．制作个人情况介绍表（表3-9），制表要求：所有行高为0.8厘米，前四列列宽均为2厘米，照片列列宽为2.6厘米；外框线为1.5磅，内框线为1.0磅；表格内所有文本水平居中对齐；表格在页面居中。

表 3-9　个人情况介绍表

<table>
<tr><td>姓名</td><td></td><td>性别</td><td></td><td rowspan="4">照
片</td></tr>
<tr><td>年龄</td><td></td><td>学历</td><td></td></tr>
<tr><td>籍贯</td><td></td><td>爱好</td><td></td></tr>
<tr><td>电话</td><td></td><td>E-mail</td><td></td></tr>
<tr><td colspan="2">毕业职业</td><td colspan="3"></td></tr>
<tr><td colspan="2">应聘职业</td><td colspan="3"></td></tr>
<tr><td colspan="2">有何奖项</td><td colspan="3"></td></tr>
</table>

2．制作个人简历表（表3-10）。

制表要求：

①设置纸张为A4，上下左右页边距均为2厘米，表格在页面居中；

②外框线为细粗线1.5磅，内框线为细实线1.0磅；

③表格中所有文字设置为黑体、五号、加粗、水平居中；

④表格标题设置为小二号、黑体、字间距5磅；

⑤照片处插入剪贴画“人物”中的任何一个。

表 3-10　个人简历表（一）

<table>
<tr><td>姓名</td><td></td><td>曾用名</td><td></td><td rowspan="5"></td></tr>
<tr><td>性别</td><td></td><td>民族</td><td></td></tr>
<tr><td>籍贯</td><td></td><td>出生年月</td><td></td></tr>
<tr><td>政治面貌</td><td></td><td>身高</td><td></td></tr>
<tr><td>身体状况</td><td></td><td>外语程度</td><td></td></tr>
<tr><td>所在学院</td><td></td><td>学历</td><td>曾任职务</td><td></td></tr>
<tr><td>所学专业</td><td colspan="2"></td><td>特长</td><td></td></tr>
<tr><td>毕业时间</td><td colspan="2"></td><td>联系电话</td><td></td></tr>
<tr><td rowspan="3">家庭住址</td><td colspan="2" rowspan="3"></td><td>邮政编码</td><td></td></tr>
<tr><td>个人网站</td><td></td></tr>
<tr><td>E-mail</td><td></td></tr>
<tr><td>主修课程</td><td colspan="4"></td></tr>
<tr><td>个人简历</td><td colspan="4"></td></tr>
<tr><td>熟悉软件</td><td colspan="4"></td></tr>
<tr><td>个人特点</td><td colspan="4"></td></tr>
<tr><td>相关证书</td><td colspan="4"></td></tr>
<tr><td>应聘岗位及特长</td><td colspan="4"></td></tr>
<tr><td>社会实践经历</td><td colspan="4"></td></tr>
<tr><td colspan="5">相信您的信任与我的实力将为我们带来共同的成功！希望我能为贵公司贡献自己的力量！</td></tr>
</table>

完成以上操作后，将表格保存到**D:\班级\实训**五文件夹，文件名：**任务4.docx**。

巩固提高

1 制作二十四节气表格（表3-11）。

制表要求：第一、第二行行高为1.2厘米，第三、第四行行高为0.7厘米；第一列列宽为1厘米，其他列列宽为1.2厘米；上下边框线为1.5磅双线，内框线为1.0磅细线；按样文填充底纹；表格内所有文本水平居中对齐；表格在页面居中。

表 3-11　二十四节气表格

季节	春			夏			秋			冬		
月份	正月	二月	三月	四月	五月	六月	七月	八月	九月	十月	冬月	腊月
节气	立春	惊蛰	清明	立夏	芒种	小暑	立秋	白露	寒露	立冬	大雪	小寒
	雨水	春分	谷雨	小满	夏至	大暑	处暑	秋分	霜降	小雪	冬至	大寒

2 制作优品数码广场手机销售情况表（表3−12）。

制表要求：参照样表，制作表格。外框线为粗细线2.25磅，内框线为1.0磅；表格内所有文本水平居中对齐；斜线表头由插入形状和文本框完成。表格填充底纹分别为白色，背景1，深色25%；白色，背景1，深色5%。

表 3-12　优品数码广场手机销售情况表

手机品牌	一月	二月	三月	四月	合计
华为	676	345	876	945	
小米	135	321	246	289	
苹果	145	356	287	340	
合计					

3 完成个人简历表（表3-13）。

制表要求：参照样表，制作个人简历表。外框线为1.5磅，内框线为1.0磅；表格中所有文字水平居中，标题设置为小二号、黑体、字间距5磅；照片处插入剪贴画“人物”中的任何一个。

表 3-13　个人简历表（二）

<table>
<tr><td>姓名</td><td></td><td>性别</td><td></td><td rowspan="6"></td></tr>
<tr><td>出生日期</td><td></td><td>学历</td><td></td></tr>
<tr><td>出生地</td><td></td><td>毕业学校</td><td></td></tr>
<tr><td>身高</td><td></td><td>毕业时间</td><td></td></tr>
<tr><td>通信地址</td><td colspan="3"></td></tr>
<tr><td>联系电话</td><td colspan="3"></td></tr>
<tr><td rowspan="8">工作简历</td><td colspan="3" rowspan="8"></td><td>外语程度</td></tr>
<tr><td></td></tr>
<tr><td>特长</td></tr>
<tr><td></td></tr>
<tr><td>其他职业技能证书</td></tr>
<tr><td></td></tr>
<tr><td>性格特点</td></tr>
<tr><td></td></tr>
<tr><td>主要工作业绩</td><td colspan="3"></td><td>电脑运用能力</td></tr>
<tr><td>能承担的工作项目</td><td colspan="3"></td><td></td></tr>
</table>

操作完成后，将以上文档保存到D:\班级\实训五文件夹，文件名：**巩固提高.docx**。

实训项目六

图文表混排及打印输出

实训目的

- 了解不同视图下浏览文档的意义；
- 掌握打印输出参数设置操作，会对文档进行打印输出操作；
- 理解图文表混合排版操作技巧，提高图文混排操作技能。

实训内容

任务1 图文表混合排版制作

1 输入如下【 】内文稿

【腊八节的传说

腊月最重大的节日是农历十二月初八，俗称“腊八节”。从先秦起，腊八节都是用来祭祀祖先和神灵，祈求丰收和吉祥。据说，佛教创始人释迦牟尼的成道之日也是在十二月初八，因此腊八也是佛教徒的节日，称为“佛成道节”。

腊八这一天有吃腊八粥的习俗，腊八粥也叫“七宝五味粥”。我国喝腊八粥的历史，已有一千多年。在民间，家家户户也要做腊八粥，祭祀祖先；同时，合家团聚在一起食用，馈赠亲朋好友。

更为讲究的人家，还要先将果子雕刻成人形、动物、花样，再放在锅中煮。更讲究的，就是用枣泥、豆沙、山药糕等具备各种颜色的食物，捏成八仙人、老寿星、罗汉像。这种装饰的腊八粥，只有在以前的大寺庙的供桌上才可以见到。腊八粥在民间还有巫术的作用。假如院子里种着花卉和果树，也要在枝干上涂抹一些腊八粥，相信来年多结果实。

腊八这一天，除了祭祖神灵外，还有悼念亡国、寄托哀思的。】

完成录入后，将文档保存到D:**班级**文件夹，文件名：**腊八节的传说**.docx。

2 完成以下排版操作

将“腊八节的传说.docx”另存到D:**班级****实训**六文件夹，文件名：**任务**1.docx，并将正文设置为楷体四号、首行缩进2字符。

①页面设置：自定义纸型，宽为22厘米，高为30厘米；页边距上、下各为2.5厘米，左、右各为3.5厘米。

②设置艺术字：设置标题“腊八节的传说”为艺术字，艺术字样式为第4行第4列；字体为方正舒体；形状为“双波形1”；阴影样式：外部任意；文字环绕方式：紧密型。

③设置分栏：将正文的第二自然段设置为两栏格式，第1栏宽23.5个字符，间距2.02字符，加分隔线。

④设置边框和底纹：为正文第二自然段中的文字“七宝五味粥”加上红色阴影边框，应用于：文字；为正文最后一段设置底纹，图案式样为浅色网格，颜色为浅绿色，应用于：段落；为页面设置任意艺术型边框，宽度为12磅。

⑤插入图片：在样文所示位置，以链接方式插入D:**班级\图片素材**文件夹中的图片：腊八粥.jpg；图片缩放20%（按原图大小并锁定纵横比）；环绕方式：四周型。

⑥添加脚注和尾注：为正文第一自然段第一个“腊八节”设置红色双下划线，插入尾注“腊八节：古代称为腊日，是中国传统节日之一。”

⑦设置页眉和页脚：按样文添加页眉文字“中国传统节日”，居中；添加页脚：选择空白（三栏）格式，内容：班级+姓名+创建时间。以上页眉页脚内容均设置为黑体、小四号、加粗、红色。

⑧设置页面颜色：将文档页面设置填充效果：纹理——蓝色面巾纸。

⑨插入形状：在样文所示位置插入云形标注，添加文字内容：腊八节传统习俗——吃腊八粥，字符格式设置为华文行楷、红色、11号、加粗。形状格式设置：线条颜色为水绿色、强调文字颜色3，1.5磅；填充为橄榄色、强调文字颜色3。

⑩表格操作：在文档末尾插入中国传统节日时间表（表3-14）。

表 3-14　中国传统节日时间表

节日名称	时间	节日名称	时间	节日名称	时间
除夕	大年三十	清明节	4月5日前后	中秋节	八月十五
春节	正月初一	端午节	五月初五	重阳节	九月初九
元宵节	正月十五	七夕节	七月初七	腊八节	十二月初八

完成以上操作后，将文件另存到D:**班级\实训六**文件夹，文件名：**任务1.docx**。

完成操作后效果如图3-66所示。

任务2 浏览文档与打印输出

1 浏览文档

Word 2010为用户提供了页面视图、阅读版式视图、Web版式视图和大纲视图等视图方式。可以选择“视图”选项卡下“文档视图”组中的不同方式进行切换，默认视图为“页面视图”，也可以选择状态栏右侧工具栏上的视图切换按钮进行不同视图的切换操作，如图3-67所示。

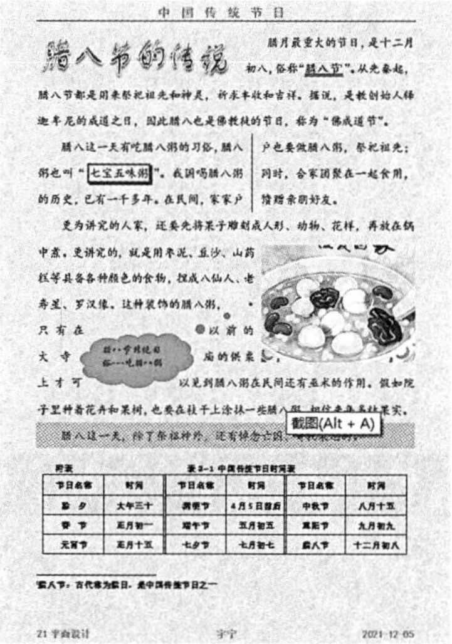

图3-66　任务1完成操作效果图

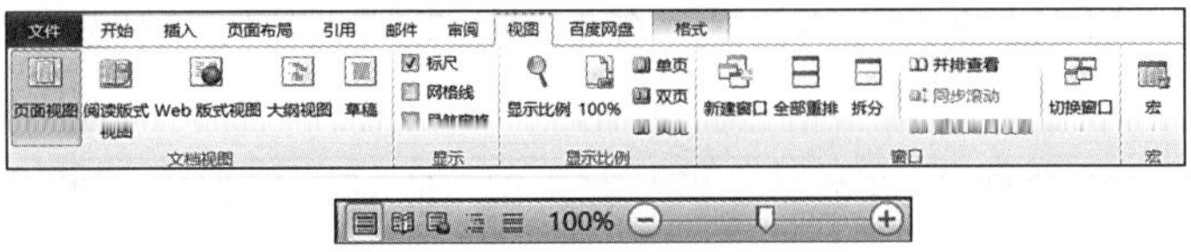

图3-67　视图切换工具栏

2 打印输出

当文档编辑好之后，有时可能需要将其打印出来。单击“文件”选项卡下的“打印”按钮，在弹出的界面中选择打印的“页数”和“份数”后，单击“打印”按钮即可完成操作。也可以设置打印范围，例如：当前页、所有页及指定范围页，如图3-68所示。

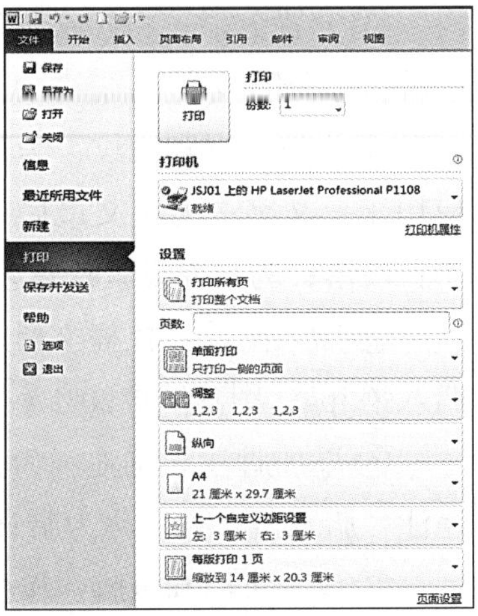

图3-68　打印设置

操作小提示　常用视图分为页面视图、大纲视图、Web版式视图、阅读版式视图和草稿视图。在页面视图方式下可以进行各种格式设置，所见即所得。大纲视图可以查看分栏符、分节符、分页符状态，同时可以在大纲视图下删除分栏符、分节符和分页符。

巩固提高

图文表混合排版——制作班级板报

1 页面设置

创建新文档，在“页面设置”对话框中设置新文档的页面格式为：

①“页边距”选项卡。页边距设置上下为2.68厘米，左右为2.24厘米；方向为横向。

②“文档网络”选项卡。“文字排列方向”设置为水平；“网格”设置为只指定行网格；“行”设置为每页28行、跨度15.6磅；“预览”设置为应用于整篇文档。

2 分栏

①输入文档中全部字符。

②选定全部文本，在“分栏”对话框中设置，将文档分为三栏。

③插入分栏符，调整文档位置，在“雷锋故事”前插入光标，设置分栏符。

3 字符和段落格式化

设置文档的字符、段落和表格格式，如表3-15所示。

表 3-15　文档的字符、段落和表格格式

操作对象	格式	操作对象	格式
第1栏标题“雷锋生平”	隶书、三号	第3栏标题和文字段落	华文新魏、小四号、标题居中、行距为固定值18磅、正文行距20磅
第1栏出生年月日	Arial Black（西文字体）小四号		

续表

操作对象	格式	操作对象	格式
第1栏文字段落	仿宋、小四号、行距为固定值25磅	表格标题	黑体、小四号、标题居中
		表格	5列4行，外边框为双线，第3行和最后一行间的边线为双线，其余边框为单线
第2栏标题“雷锋故事——团结友爱”	华文行楷、小三号、居中	斜线表头	斜线表头绘制，表头字体为宋体、小五号
第2栏文字段落	楷体、五号、首行缩进2字符、行距为固定值19磅	表格内文字	黑体、小四号
		表格内数字	Times New Roman、小四号

4 插入艺术字

插入艺术字“雷锋精神走进新时代”，32号、加粗字体，还可以设置环绕方式，形状。

在艺术字下输入汉语拼音“LeiFengJingShenZouJinXinShiDai”，格式设置为字体Times New Roman、间距0.4磅、小二号，效果如图3-69所示。

图3-69　班级板报制作效果图

5 插入文本框

文本框内文本为“校文学社（平面设计升学班）第二期2019年3月5日”，样式自选，效果如图3-69所示。

6 插入图片

学生自行从百度下载雷锋头像图片及荷花的图片，荷花图片要求去除背景。下载图片保存到D:**班级****图片素材**文件夹中，效果如图3-69所示。

7 制作表格

设计一个4行5列的表格，标题为：“学雷锋做好事”汇总表，效果如图3-69所示。

完成以上操作后，将文件另存到D:**班级****实训六**文件夹，文件名：**班级板报**.docx。

班级板报制作完成效果如图3-69所示。

拓展训练

综合应用所学的Word排版知识，充分发挥自己的想象与创意制作贺卡，所需图片可从D:**班级****图片素材**文件夹中获得，所有图片可从百度下载。

制作要求：体现出自己的设计构思与创意特点。参考样图如图3-70所示。

图3-70　贺卡样图

实训项目七

文档创编进阶

实训目的

- 能为已有文档创建目录；
- 能为文档中的对象添加题注；
- 能对文档进行修订和创建批注；
- 能按模板批量生成文档。

实训内容

任务1　创建目录和题注

1 创建目录

在文档中编制目录常用的方法是使用大纲级别格式或标题样式。在建立目录时，系统会搜索带有指定样式的标题，参考页码顺序并按照标题级别排列，然后在文档中显示目录。

创建目录的方法是在“引用”选项卡下“目录”组中，单击“目录”按钮，在其下拉列表中选择一种内置目录样式。

操作练习

打开D:\班级\中国传统节日简介.docx文件，完成目录设置操作。

操作步骤：

①将标题设置为方正粗黑宋简体、二号、加粗、居中；

②将文档中的“1．春节；2．元宵节；3．清明节；4．端午节；5．中秋节；6．重阳节”一级标题分别设置为样式列表中的标题1格式；

③将文档中“1.1 贴春联；1.2 放爆竹……”二级标题设置为标题3样式；

④将文档中“1.1.1 春联起源；1.1.2 春联贴法……”三级标题设置为标题4样式；

⑤将插入点定位到文档中标题后，单击“引用”|“目录”|“自动目录1”，即可在标题下方生成文档目录，如图3-71所示。

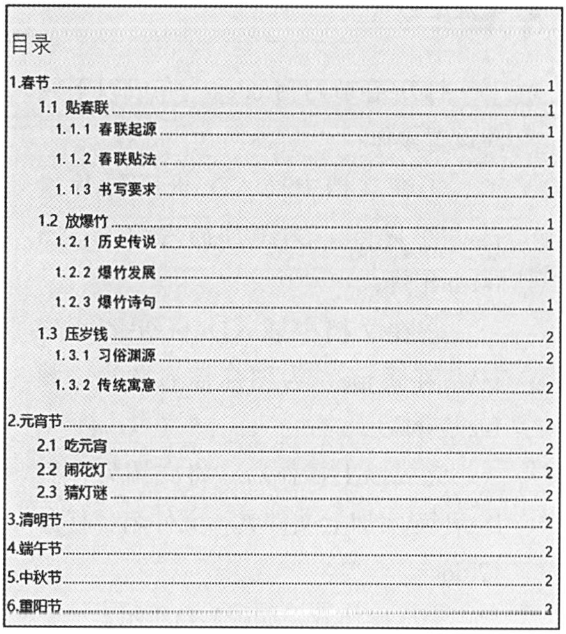

目录

1.春节......1
1.1 贴春联......1
1.1.1 春联起源......1
1.1.2 春联贴法......1
1.1.3 书写要求......1
1.2 放爆竹......1
1.2.1 历史传说......1
1.2.2 爆竹发展......1
1.2.3 爆竹诗句......1
1.3 压岁钱......2
1.3.1 习俗渊源......2
1.3.2 传统寓意......2
2.元宵节......2
2.1 吃元宵......2
2.2 闹花灯......2
2.3 猜灯谜......2
3.清明节......2
4.端午节......2
5.中秋节......2
6.重阳节......2

图3-71　应用标题样式创建的目录

完成以上操作后，将文档另存到D:**班级\\实训七**文件夹，文件名：**任务11.docx**。

2 使用题注

题注指为文档中的图片或其他对象添加标注，用于说明图片的序号、备注内容等。

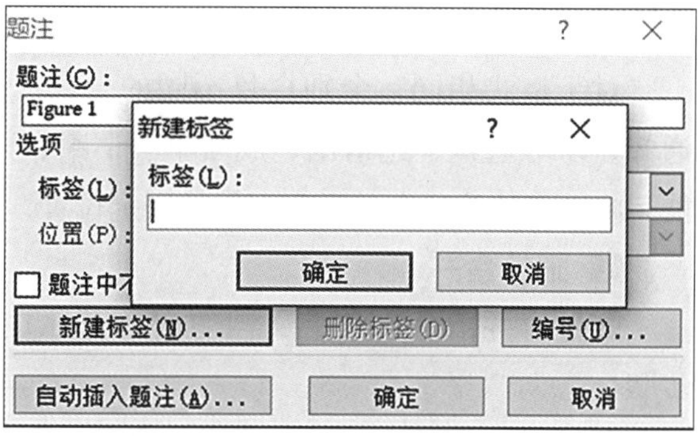

图3-72　新建题注标签

操作方法：将插入点放置到第一张图片的下方，在“引用”选项卡下“题注”组中，单击“插入题注”按钮，打开“题注”对话框，原有的题注为“图表1”，如果要更改，单击“新建标签”按钮，打开“新建标签”对话框，在文本框中输入题注标签“图1-1”，单击“确定”按钮，如图3-72所示。

关闭“题注”对话框，显示在图片下方添加了设置图片的编号“图1-1”，然后设置题注与图片的对齐方式，并且在题注后输入说明的文字。在文档中再次插入图片时，按上述方法插入题注后，题注编号自动增加，显示为“图1-2”。

> **操作小提示**　在删除图片和编号后，如果文档中原有的题注编号没有变化，可以选中包含要更新题注编号的文档右击鼠标，在弹出的快捷菜单中选择“更新域”命令，即可自动更新。

操作练习

打开\春节习俗.docx，完成以下题注设置操作：

①在文档中插入D:\班级\图片素材\办年货.jpg，为图片插入题注：图1-1办年货；

②在文档中插入D:\班级\图片素材\贴春联.jpg，为图片插入题注：图1-2贴春联。

完成以上操作后，将文档另存到D:\班级\实训七文件夹，文件名：任务12.docx。

完成操作效果如图3-73所示。

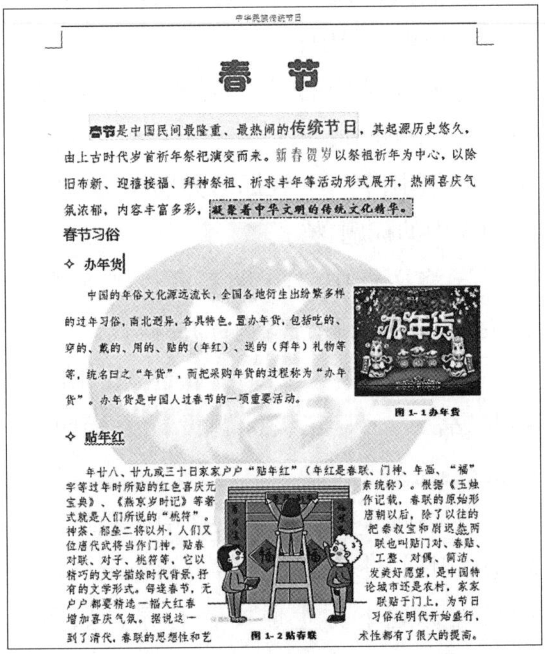
中华民族传统节日

春 节

春节是中国民间最隆重、最热闹的传统节日，其起源历史悠久，由上古时代岁首祈年祭祀演变而来。新春贺岁以祭祖祈年为中心，以除旧布新、迎禧接福、拜神祭祖、祈求丰年等活动形式展开，热闹喜庆气氛浓郁，内容丰富多彩，凝聚着中华文明的传统文化精华。

春节习俗

✧ 办年货

中国的年俗文化源远流长，全国各地衍生出纷繁多样的过年习俗，南北迥异，各具特色。置办年货，包括吃的、穿的、戴的、用的、贴的（年红）、送的（拜年）礼物等等，统名曰之“年货”，而把采购年货的过程称为“办年货”。办年货是中国人过春节的一项重要活动。

图1-1办年货

✧ 贴年红

年廿八、廿九或三十日家家户户“贴年红”（年红是春联、门神、年画、“福”
字等过年时所贴的红色喜庆元
宝典》、《燕京岁时记》等著
式就是人们所说的“桃符”。
神荼、郁垒二将以外，人们又
位唐代武将当作门神。贴春
对联、对子、桃符等，它以
精巧的文字描绘时代背景，抒
有的文学形式。每逢春节，无
户户都要精选一幅大红春
增加喜庆气氛。据说这一
到了清代，春联的思想性和艺
素统称）。根据《玉烛
作记载，春联的原始形
唐朝以后，除了以往的
把秦叔宝和尉迟恭两
联也叫贴门对、春贴、
工整、对偶、简洁、
发美好愿望，是中国特
论城市还是农村，家家
联贴于门上，为节日
习俗在明代开始盛行，
术性都有了很大的提高。

图1-2贴春联

图3-73 任务12完成操作效果图

任务2 批量生成文档

对于格式相同、个别栏目不同的会议通知、录取通知、邀请函、成绩单、请柬、证书、准考证等，可以运用“邮件合并”功能，将动态的信息合并到主文档的固定位置，从而快速完成这类动态内容的插入。

1 邮件合并

邮件合并，是将两个文档的内容合并在一起，通过邮件等方式发给其他人。操作步骤：

①先建立两个文档，一个是主文档，包括所有文件的共有内容，如未填写单位或个人名字的邀请函；另一个是数据源文件，包括变化信息的数据文件，如包含收件单位、地址、邮编、收件人等的Excel电子表格或数据表。

②使用“邮件合并”功能，在主文档中插入变化的信息。

③合并后的文件可以保存，也可以打印或以电子邮件（微信）等形式发送出去。

具体操作：单击“邮件”选项卡下“开始邮件合并”组中的“开始邮件合并”下拉列表选择项进行邮件合并，如图3-74所示。

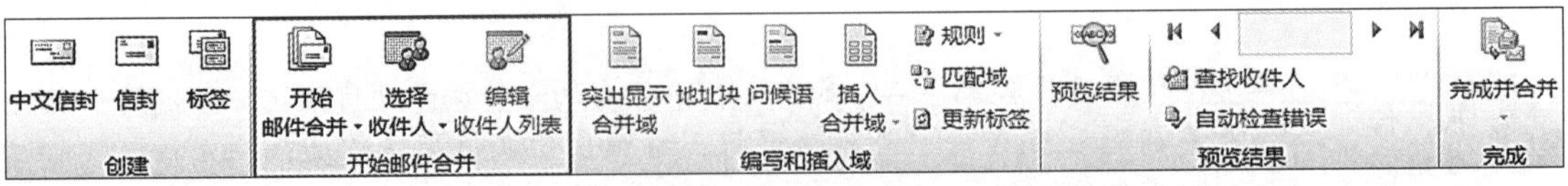

图3-74 邮件合并

2 邮件条件合并

邮件条件合并，就是在邮件合并时，让满足条件的记录参加邮件合并。

操作步骤：在“邮件”选项卡下“编写和插入域”组中单击“规则”按钮，在打开的下拉列表中选择有关选项。

操作练习

学校团委要举办“技能成就梦想，人人皆可成才”学生演讲比赛，届时将邀请校企合作单位劳动模范参加评选活动。请根据校企合作单位劳动模范名单（图3-75），为各系制作一份参加活动的邀请函，如图3-76所示。

序号	姓名	性别	单位	职务	联系电话
1	王文华	男	立达科技公司	资源部主任	
2	赵明理	男	海天技术服务公司	人事部经理	
3	商丽萌	女	快易物流配送公司	经理	
4	孙立洪	男	维达云技术开发公司	项目部经理	
5	周彬彬	女	微星商贸有限公司	营销部经理	

图3-75 校企合作单位劳动模范名单

邀 请 函

尊敬的：

为大力弘扬劳模精神、工匠精神，定于5月27日上午9:00在学校礼堂举办“技能成就梦想，人人皆可成才”专题活动，时间半天，届时邀请校企合作单位的劳动模范做成长经历讲座，我校师生进行专业技能汇报展示，期待您的光临！

学校联系人：王主任　　电话：139××××1235

星海职业学校

2021年5月12日

图3-76 邀请函文档模板

操作步骤：

①创建“校企合作单位劳动模范名单”电子表格和“邀请函”文档。

②打开“邀请函”文档，切换到“邮件”选项卡，在“开始邮件合并”下拉列表中选择“信函”选项，如图3-77（a）所示；在“开始邮件合并”组的“选择收件人”下拉列表中选择“使用现有列表”选项，如图3-77（b）所示。

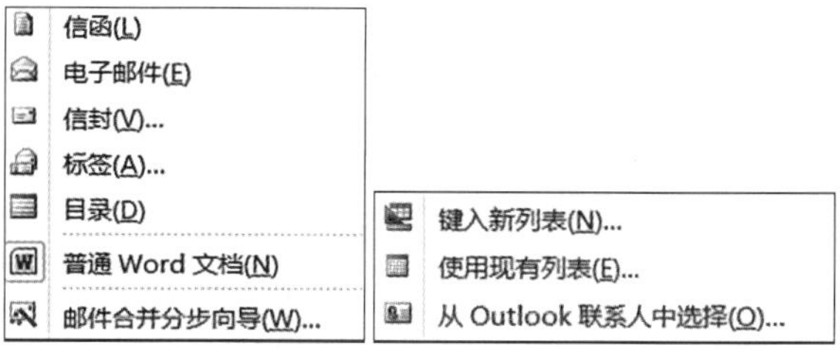

（a）　（b）

图3-77 邮件合并

③选取作为数据源的文件“校企合作单位劳动模范名单”（图3-75），在打开的“选择表格”对话框中选择工作表，单击“确定”按钮。

④在文档中将插入点置于“尊敬的”与“：”之间，单击“编写和插入域”组中“插入合并域”下拉列表中的“姓名”选项，如图3-78所示。

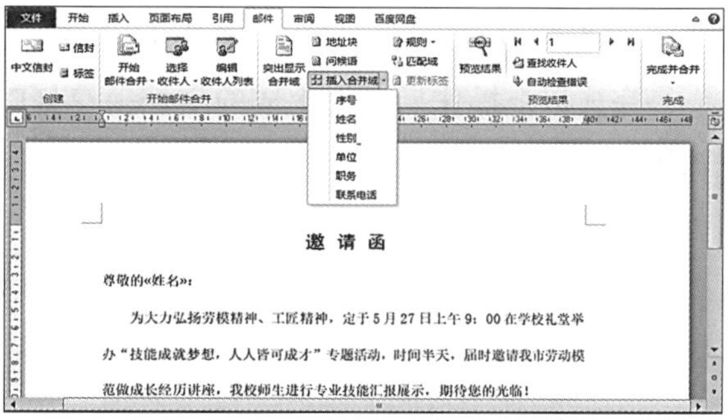

图3-78 选择插入合并域中的姓名选项

⑤单击“预览结果”按钮，可发预览合并的结果。单击“完成”组中“完成并合并”按钮，在下拉列表中选择“编辑单个文件文档”选项，在打开的“合

并到新文档”对话框选择“全部”单选按钮，此时生成一个新的文档，新文档按照“校企合作单位劳动模范名单”的姓名进行分页填写，文档中其他内容不变。从而，完成邀请函的批量制作。

完成以上操作后，将文档另存到D:**班级\实训七**文件夹，文件名：**邀请函批量制作.docx**。

巩固提高

根据所学知识内容请自行设计毕业证模板，根据毕业模板编写信息源电子表格（5条记录以上），进行批量填充毕业证操作。

主文档和信息源文件存放在D盘班级文件夹中，信息源如图3-79所示，主文档如图3-80所示。

F20

	A	B	C	D	E	F	G	H
1	序号	姓名	性别	出生日期	入学时间	毕业时间	专业	证书编号
2	1	王丽苹	女	一九九七年四月五日	二0一三年	二0一六年	计算机平面设计	201603001
3	2	赵洪博	男	一九九七年六月十五日	二0一三年	二0一六年	计算机平面设计	201603002
4	3	于娜	女	一九九六年十月十三日	二0一三年	二0一六年	计算机平面设计	201603003
5	4	李玉霖	男	一九九五年四月二十七日	二0一三年	二0一六年	计算机平面设计	201603004
6	5	赵晓慧	女	一九九六年九月十三日	二0一三年	二0一六年	计算机平面设计	201603005
7	6	孙露露	女	一九九五年八月二十七日	二0一三年	二0一六年	计算机平面设计	201603006
8	7	王雪梅	女	一九九七年三月四日	二0一三年	二0一六年	计算机平面设计	201603007
9	8	王鲸久	男	一九九七年六月十日	二0一三年	二0一六年	计算机平面设计	201603008
10	9	张科进	男	一九九六年一月十七日	二0一三年	二0一六年	计算机平面设计	201603009
11								

图3-79　信息源（毕业证信息）

学生　　性别　，　生，于　九月　至　七月在本校

专业学习，学制叁年，修完教学计划规定的全部课程　，

成绩合格，准予毕业。

校　　长：

校　　名：

证书编号：　　　　　　　二0一六年七月十五日

图3-80　毕业证模板

操作步骤：

①建立主文档（毕业证模板）和信息源电子表格（毕业证信息）；

②选择邮件|开始邮件合并|信函|选择收件人|使用现有列表…|插入合并域；

③依次在“学生”后插入姓名、在“性别”后插入性别、在“生”前插入出生日期、在“于”后插入入学年份、在“至”后插入毕业年份、在“本校”后插入专业名称、在“证书编号”后插入证书编号；

④在预览结果组面板工具中，单击预览结果，查阅填充效果；

⑤在完成组面板工具中，单击完成并合并。

完成以上操作后，将生成的文档另存到D:**班级\实训七**文件夹，文件名：**毕业证批量制作.docx**。

第四单元

数据处理

- 实训项目一　认识数据
- 实训项目二　数据输入
- 实训项目三　电子表格的基本操作
- 实训项目四　格式化电子表格
- 实训项目五　数据计算
- 实训项目六　加工数据
- 实训项目七　分析数据
- 实训项目八　初识大数据

实训项目一

认识数据

实训目的

- 了解数据的分类和常用的数据处理软件的功能；掌握使用网络问卷平台采集数据的方法；
- 掌握使用电子表格相关软件输入数据、导入外部数据和生成数据的方法；
- 能够正确进行数字与文本数据的转换，掌握正确设置数据格式的方法。

实训内容

任务1 认识数据

随着信息技术的发展，不同类别的数据已经成为人们日常生活中的一部分，比如，身份信息、乘车时支付的车费和乘车时间、超市购物收到的购物清单、手机拍照的图像等。那么，什么是数据呢？

数据是对客观事物的性质、状态及其相互关系的进行描述的符号。数据不仅仅是指“数字”“数值”，还包括文字、图形、图像、视频、音频等内容。数据按结构可以分为结构化数据、半结构化数据和非结构化数据。结构化数据通常存储在关系型数据库或电子表格中，如列车时刻表、超市的销售清单、公司财务报表等；半结构化数据通常存储在专业的系统中，如电子邮件、微博的网页、企业员工的简历等；非结构化数据通常存储在文件系统中，如电影视频、数码相机里的图像、办公文档等。

操作练习

请将不同类别的数据填入图4-1中。

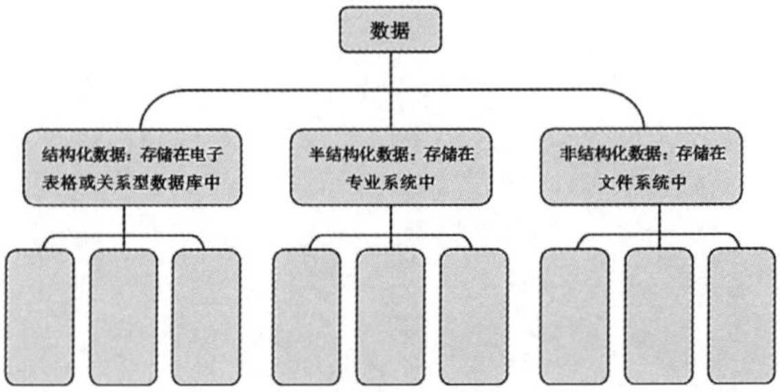

图4-1　数据分类

任务2 数据采集的方法

数据采集的方法分为人工采集和自动化采集两种。数据量较小时，可以采用传统的人工录入方式，如某些统计报表，可以由人工填写，再手工录入到计算机中。随着计算机技术的发展，利用网络可以有多种获取数据的方法，使数据的处理方式发生了巨大的改变，如传感器的应用可以随时获取信源数据，网络爬虫程序可以短时间内获取大量网络信息。两种不同的数据采集方式所获得的数据形式也是多种多样。

操作练习

请上网搜索，将不同的数据采集方式填入表4-1中。

表 4-1　数据采集方式

采集方式	
人工采集方式	自动采集方式

任务3　认识常用的数据处理软件

结构化数据的处理需要专业的数据平台和软件，常用的数据处理软件如图4-2所示。

图4-2　常用数据处理软件

各种数据处理软件和专业平台所具有的功能和针对的服务对象各不相同，如电子表格主要应用于管理、统计、财经、金融等领域。不同类别的数据库软件应用于不同专业领域，如应用于金融、电信、政务、制作和互联网等领域。而互联网的普及和云计算技术的发展，使在线数据处理服务兴起，人们可以利用在线数据处理服务平台进行数据分析，便于企业和个人的协同工作，提高工作效率。

操作练习

请上网搜索不同数据处理软件和在线数据处理平台的主要功能，填写至表4-2中。

表 4-2　常用数据处理软件的功能

软件类别	软件名称	功能
电子表格	Excel、WPS	
数据库软件	MySQL、ORACLE	
在线数据处理平台	BDP在线数据分析、图表秀	

任务4 网络问卷

网络问卷是日常工作和生活中常用的一种数据采集方式，利用移动终端的App或网络在线平台，可以方便地进行问卷的设计、编辑、发放、调查回收和数据分析等工作，获得有效数据。目前常用的问卷网站有问卷星、腾讯问卷、金数据、问卷网等。

操作练习

请同学们使用问卷星App或访问问卷星官方网站，设计“学生最喜欢的学科”网络调查问卷。

1．创建问卷

①进入问卷星官方网站，单击左侧“创建问卷”选项，选择问卷类型为“调查”，如图4-3所示。

图4-3　创建问卷

②在创建调查问卷处输入问卷标题“学生最喜欢的学科调查问卷”，进入问卷编辑页面。

2．编辑问卷

①选择题型为“单选”，在右侧编辑区域输入标题“你最喜欢的学科”，选项文字处依次输入各学科名称，如选项不够，单击“添加选项”增加选项数目，如图4-4所示。输入各选项后，单击“完成编辑”。

图4-4　编辑问卷

②如需要增加新的题目，可单击“在此题后插入新题”，如完成题目添加，可单击右上角“完成编辑”，如图4-5所示。

3．问卷发布与设置

①完成问卷编辑后，如果预览效果满意，可进行问卷的基本设置、作答次数、提交后显示信息等设置。

②设置问卷各项目后，选择发布问卷，可将生成的二维码或链接发送给用户，即可开始问卷答题调查，如图4-6所示。

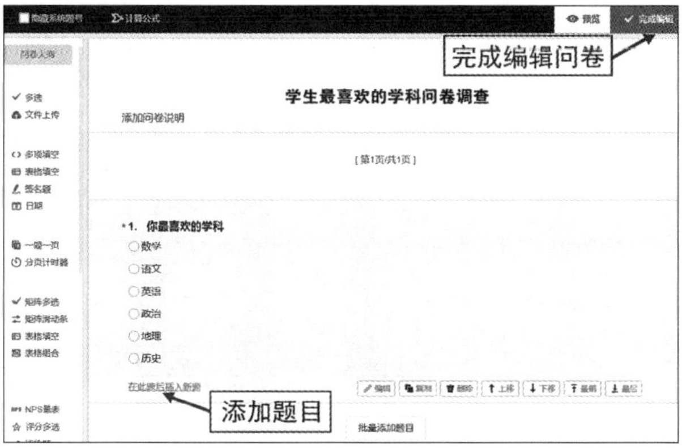

图4-5　增加题目

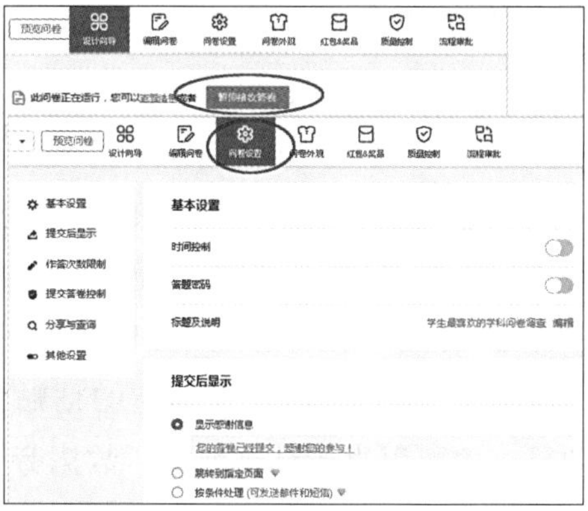

图4-6　设置、发布问卷

4．问卷分析

问卷调查完成后，登录网站，在问卷名称下方单击“分析&下载”，进入页面后可以进行调查问卷的统计分析、查看下载答卷等操作。

实训项目二 数据输入

实训目的

- 掌握Excel 2010的启动与退出；
- 掌握电子表格数据录入的方法；
- 理解Excel 2010工作簿和工作表的含义，掌握工作簿的保存方法。

实训内容

任务1 数据输入方式

常规的数据输入可以采用键盘、手写板、语音等方式录入，除此之外，也可以通过数据导入的方式进行数据的输入。

1 从文本文件中导入数据

文本文件常见格式有TXT和CSV两种。TXT格式的文件是微软操作系统附带的一种文本格式，主要保存文本信息，即文字信息。CSV格式的文件是以纯文本格式存储的表格数据，文件由任意数目的记录组成。如果文本文件的内容是结构化的，很容易导入电子表格软件或平台中，反之，电子表格软件中的数据也可以导出为文本文件。

2 选择性粘贴引用数据

文字处理软件、电子表格、网页等软件中的数据可以通过“复制”“粘贴”命令复制到电子表格软件中。在电子表格中通过快捷菜单执行“粘贴”命令，快捷菜单中会出现“粘贴选项”和“选择性粘贴（S）…”命令，选择相应的粘贴方式即可。也可以直接粘贴数据，数据旁会出现“粘贴选项”按钮，点击按钮，会有浮动面板提示选择粘贴方式。另外，使用电子表格软件“开始”选项卡中的“粘贴”，也会有“选择性粘贴（S）…”命令，执行后会弹出“选择性粘贴”对话框，如图4-7所示。

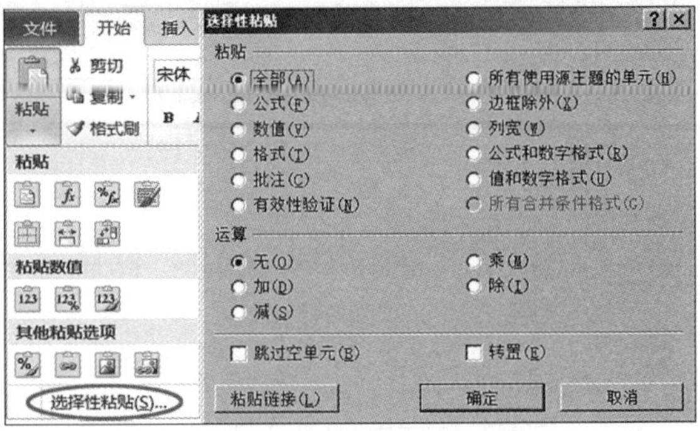

图4-7 选择性粘贴

操作练习

1. 启动Excel 2010，认识工作簿的工作界面，如图4-8所示。

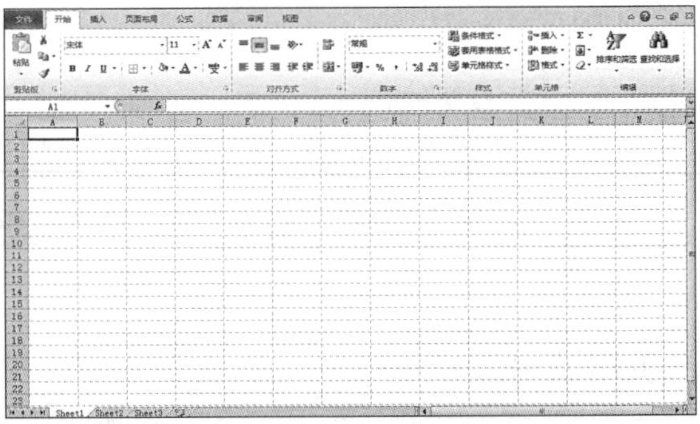

图4-8 Excel 2010工作界面

2. 导入文本文件中的数据

①文本文件“学生成绩.txt”中显示学生的成绩，如图4-9所示。将这组数据导入到新工作簿Sheet1表格中。

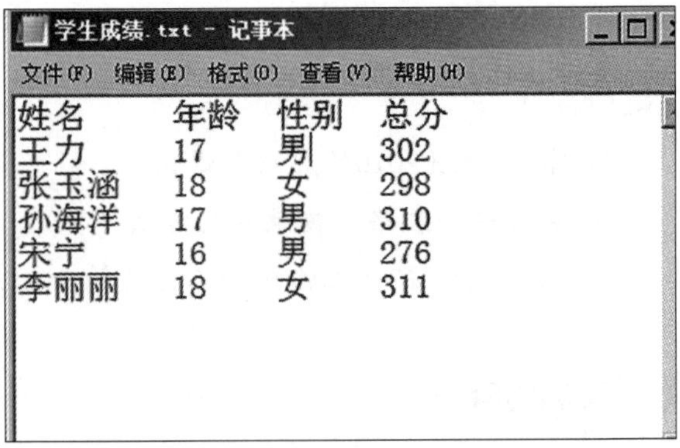

图4-9 学生成绩文本文件

②单击“数据”选项卡中“获取外部数据”组中的“自文本”按钮，在“导入文本文件”对话框中选择“学生成绩.txt”文件，单击“导入”。

③在“文本导入向导”中，根据需要选择“分隔符号”或“固定宽度”，按向导提示依次设置后，单击“完成”按钮，如图4-10所示。

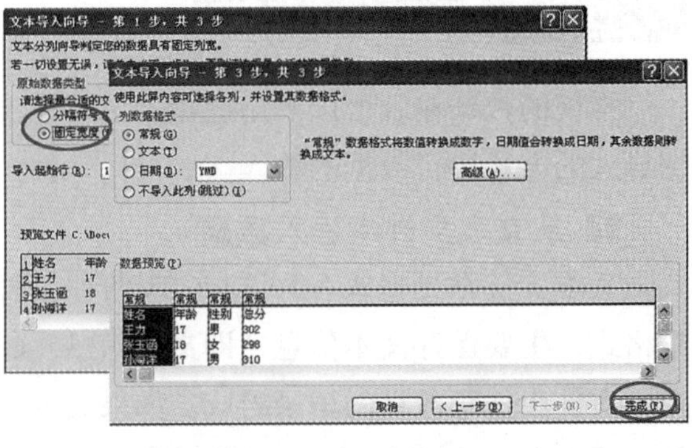

图4-10 文本导入向导

④在电子表格中，确认导入数据的放置位置，单击“确定”。检查导入后的数据是否完整，调整数据格式。

任务2 Excel 2010电子表格的启动

具体操作：

①在“开始”菜单的“所有程序”中选择“Microsoft Office”，单击Microsoft Excel 2010即可执行。

②双击桌面快捷方式Excel 2010图标可启动Excel 2010。

任务3 新建Excel 2010文件

具体操作：

①启动Excel 2010后，会自动建立一个Excel 2010工作簿。

②选择“文件”选项卡，单击“新建”命令，选择“空白工作簿”，单击右侧“创建”按钮即可新建一个工作簿。

小贴士
- 默认Excel 2010每个工作簿有3个工作表，最多可以包含255个工作表。
- Excel 2010每个工作表中最多可以包含1048576行、16384列。

任务4 工作表中录入数据

在Excel 2010中，单元格是工作表中行与列的交叉形成的，是组成工作表的基本单位。单元格主要是用来存放数据的，数据的录入和修改都是在单元格中完成的。

新建一个工作簿，在Sheet1工作表中录入员工信息，如图4-11所示。

具体操作：

①在第1行第1列输入“员工信息表”。

②在A2：E2单元格中分别录入“姓名”“工号”“性别”等信息。

③输入“工号”列数据时，在输入第一名员工工号“2022001”后，按住Ctrl键的同时拖动填充柄到B10单元格，即可快速以递增方式输入工号。

	A	B	C	D	E
1	员工信息表				
2	姓名	工号	性别	出生日期	应发工资
3	王梓芯	2022001	女	1983-4-3	5765.32
4	张小强	2022002	男	1979-3-11	6488.45
5	李立山	2022003	男	1995-12-11	4986.5
6	冯凯	2022004	男	1987-5-6	5433.6
7	孙丽华	2022005	女	1997-9-23	4366.6
8	赵远	2022006	男	1999-10-26	3965.3
9	孙成海	2022007	男	1975-6-30	6790.56
10	王玉涵	2022008	女	1984-8-20	5633.89

图4-11 员工信息

④依次输入其他内容，完成数据输入。

小贴士

● 工作表中左侧的“1、2、3、4……”等数字称为行号，“A、B、C、D……”等字母称为列号。

● 工作表中每个单元格都有默认的名字，使用列号与行号组合进行命名，如A1、B5。

● 表示某一区域单元格，可以用“起始单元格：末尾单元格”的方式表达，如A2：F2。

● 将光标置于单元格的右下角，会出现一个“+”号，它就是填充柄，拖动填充柄，可以实现复制或序列填充。

任务5 工作簿的保存与退出

1 工作簿的保存

选择“文件”选项卡，单击“保存”或“另存为”命令。如果是新文件，两个命令都是保存命令；如果文件已经保存过，保存则是覆盖原有的文件内容，另存为则是将文件保存为一个新文件，不会对原文件作修改。

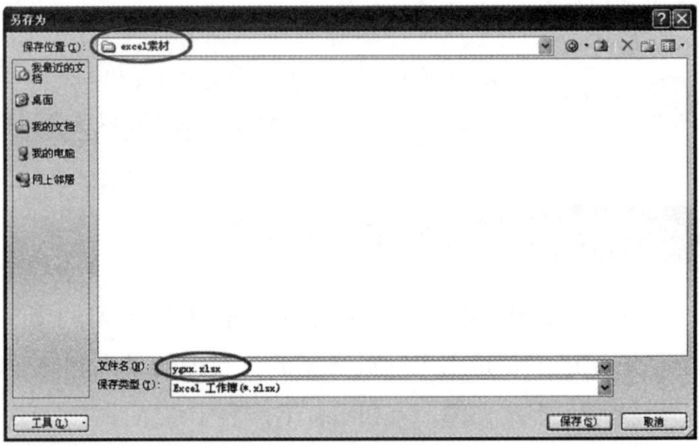

图4-12 保存工作簿

选择“文件”选项卡，单击“保存”按钮，保存当前工作簿文件名为“ygxx.xlsx”，保存位置为“D:/Excel素材”文件夹，如图4-12所示。

2 Excel 2010的退出

①单击“文件”选项卡，选择执行“关闭”命令。

②单击“文件”选项卡，选择执行“退出”命令，可关闭。

③单击Excel 2010工作界面右上角的“关闭”按钮退出。

小贴士

●“员工工号”的数字可以设置为文本型数据，只需在数字前加入半角符号单引号，如“’2022001”。

● 如果单元格显示为“####”，说明单元格宽度不够，调整单元格宽度数据显示即可恢复正常。

实训项目三

电子表格的基本操作

实训目的

- 掌握电子表格插入与删除行/列的操作；
- 掌握电子表格中行高与列宽的调整方法；
- 掌握工作表的重命名及工作表复制、移动的操作方法。

实训内容

任务1 插入行/列

打开“ygxx.xlsx”工作簿，在“Sheet1”工作表中完成下列任务。

1 插入行

①将光标移到5行行号，单击选中第5行，右击鼠标，在快捷菜单中执行“插入”命令，则在当前行前面插入新行，如图4-13所示。

②在新插入的行输入新员工的内容：宋晓丽 2022003 女 1988/11/27 5243.7。

③请用填充柄重新调整后面员工的工号。

2 插入列

①将光标移到E列列号位置，单击选中“应发工资”列，右击鼠标，在快捷菜单中执行“插入”命令，则在当前列前面插入新列，如图4-14所示。

②在新插入的列输入列标题“部门”，并按顺序输入每位员工的部门，分别为：财务部、销售部、财务部、财务部、设计部、销售部、财务部、设计部、设计部。

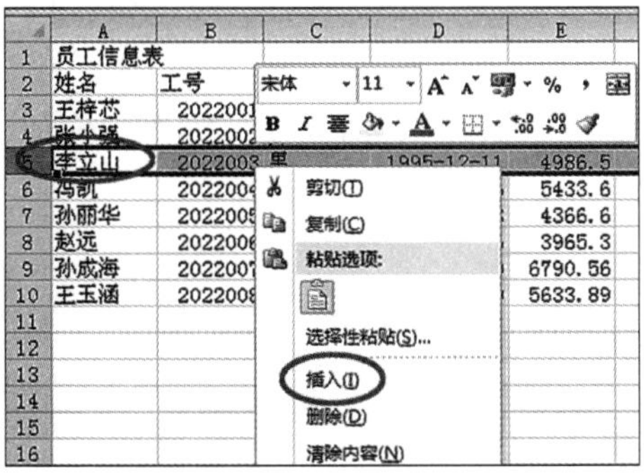

图4-13 插入行

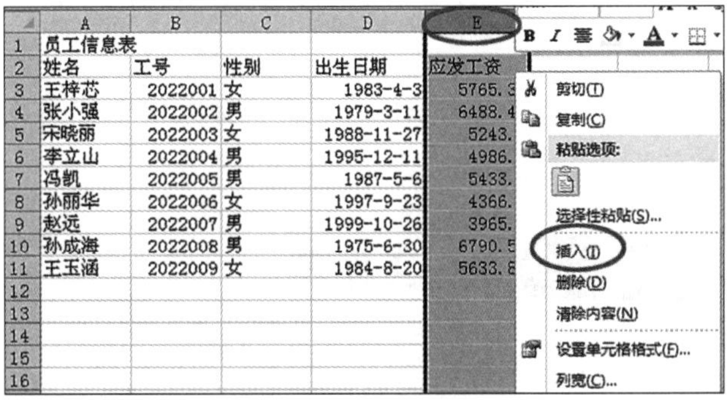

图4-14 插入列

任务2 删除行/列

1 删除行

假设员工张小强已经离职，要删除他的记录，可以按以下方式删除记录：

选中员工张小强所在的第4行，右击鼠标，执行快捷菜单中的“删除”命令，即可删除当前行，如图4-15所示。

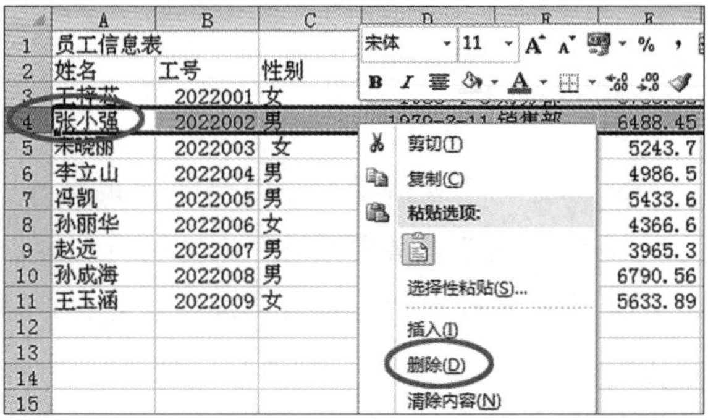

图4-15 删除行

2 删除列

删除列的方法与删除行的方法基本相同，操作方法如下：

选中要删除的列，右击鼠标，执行快捷菜单中的“删除”命令即可。

任务3 设置行高与列宽

1 设置行高

将第一行的行高设置为40，其他行的行高设置为28，操作方法如下：

①选中第一行，右击鼠标，执行快捷菜单中“行高”命令，如图4-16所示，输入行高值为40，单击“确定”按钮即可。

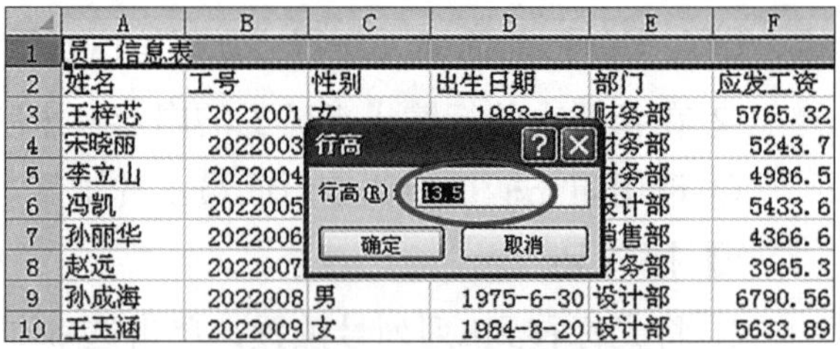

图4-16 设置行高

②选中2至10行，右击鼠标，执行快捷菜单中“行高”命令，设置行高为28，单击“确定”按钮即可同时设置2至10行的行高。

2 设置列宽

设置列宽与设置行高的方法基本相同。将“应发工资”的列宽设置为10，操作方法如下：

选中F列，右击鼠标，执行快捷菜单中“列宽”命令，输入列宽值为10，单击“确定”按钮即可。

任务4 关于工作表

1 工作表重命名

将“Sheet1”重命名为“员工信息”，操作方法如下：

方法1 将鼠标指向Sheet1，右击鼠标，在快捷菜单中执行“重命名”命令，即可输入修改工作表名称。

方法2 在Sheet1上双击，输入修改工作名称。

2 复制或移动工作表

复制工作表“员工信息”至Sheet2后面，将复制后的工作表重命名为“员工信息备份”。操作方法如下：

图4-17 复制或移动工作表

方法1 将光标指向需复制或移动的工作表标签，右击后，在快捷菜单中执行“移动或复制”命令，在对话框中选择移动或复制的位置。注意：如果勾选“建立副本”选项，则是复制工作表，如果不勾选，则是移动工作表，如图4-17所示。

方法2 用鼠标拖动工作表标签到指定位置，则是移动工作表；如果按住Ctrl键拖动工作表标签到指定位置，则是复制工作表。

完成上述操作后，原名保存工作簿文件。

操作练习

打开“ygxx.xlsx”工作簿，在“员工信息”工作表中完成下面操作：

①在员工王玉涵的前面增加新员工李英的信息，并重新调整员工工号。

②在部门后插入一列，列标题为“家庭住址”，列宽设为15，输入每位员工的家庭住址。

③在应发工资后面增加“奖金”“住房补贴”“养老保险”和“实发工资”列，调整列宽为10，并输入对应数据，如图4-18所示。

	A	B	C	D	E	F	G	H	I	J	K
1	员工信息表										
2	姓名	工号	性别	出生日期	部门	家庭住址	应发工资	奖金	住房补贴	养老保险	实发工资
3	王梓芯	2022001	女	1983-4-3	财务部	沈阳市铁西区	5765.32	99.2	200		
4	宋晓丽	2022002	女	1988-11-27	财务部	沈阳市于洪区	5243.7	203	195		
5	李立山	2022003	男	1995-12-11	财务部	沈阳市沈河区	4986.5	199	160		
6	冯凯	2022004	男	1987-5-6	设计部	沈阳市铁西区	5433.6	85.6	180		
7	孙丽华	2022005	女	1997-9-23	销售部	沈阳市浑南新区	4366.6	133.2	125		
8	赵远	2022006	男	1999-10-26	财务部	沈阳市皇姑区	3965.3	75	110		
9	孙成海	2022007	男	1975-6-30	设计部	沈阳市皇姑区	6790.56	307	230		
10	李英	2022008	女	1980-7-14	销售部	沈阳市大东区	5890.43	190	178		
11	王玉涵	2022009	女	1984-8-20	设计部	沈阳市沈河区	5633.89	124.8	200		

图4-18 修改后的员工信息表

实训项目四

格式化电子表格

实训目的

- 掌握单元格的数字、对齐方式、边框及填充的格式设置；
- 正确应用工作表的套用表格格式及单元格样式；
- 掌握设置条件格式的方法。

实训内容

电子表格输入数据后，可以通过设置单元格格式更改表格中数据类型、表格边框、背景色等，来美化电子表格。

打开“ygxx.xlsx”工作簿，在“员工信息表”中完成以下任务。

任务1 合并单元格

合并单元格A1：K1并设置文字水平居中、垂直居中，将表格标题“员工信息表”字号设置为18，字体为“黑体”，颜色为蓝色。

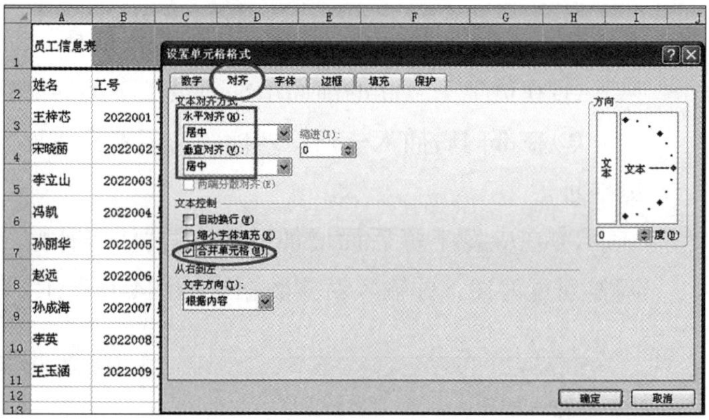

图4-19 合并居中单元格

操作方法：

①选中A1：K1单元格，右击鼠标，在快捷菜单中执行“设置单元格格式”命令，在“对齐”标签下，将“水平对齐”“垂直对齐”方式均选为“居中”，并勾选“合并单元格”复选框，如图4-19所示。

②选择“字体”标签，设置字体为黑体，字号为18，颜色为蓝色，单击“确定”按钮即可。

任务2 数据类型

单元格中存储的数据类型可以在输入时确定，也可以通过“设置单元格格式”中的“数字”标签进行设置。

1 将“工号”中的数字转换成文本型数据

操作方法：选中“工号”列的数据，右击，在快捷菜单中单击“设置单元格格式”，在对话框中“数字”标签下，选择“文本”即可。

2 将日期的显示格式改为“2001年3月14日”的形式

操作方法：选择“设置单元格格式”对话框中“数字”标签，选择“日期”，在“类型”窗口，选择需要的日期格式，如图4-20所示。

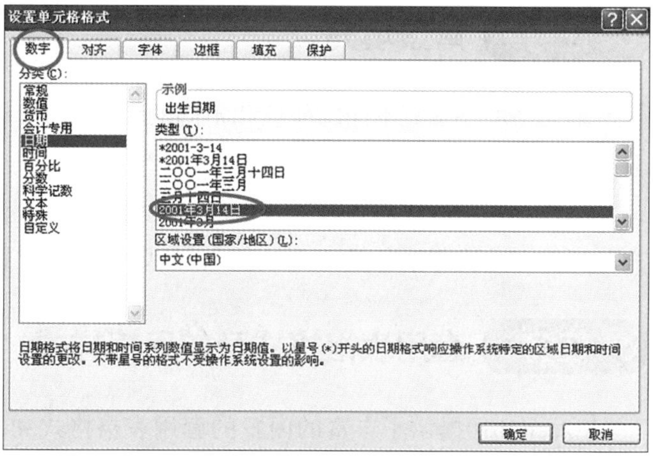

图4-20　设置日期型数据的格式

3 将“应发工资”“奖金”“住房补贴”“养老保险”和“实发工资”的数值格式设为2位小数

操作方法：选中需要设置小数位数的所有单元格，右击，选择“设置单元格格式”中“数字”标签，选择“数值”，修改小数位数为2位，单击“确定”即可，如图4-21所示。

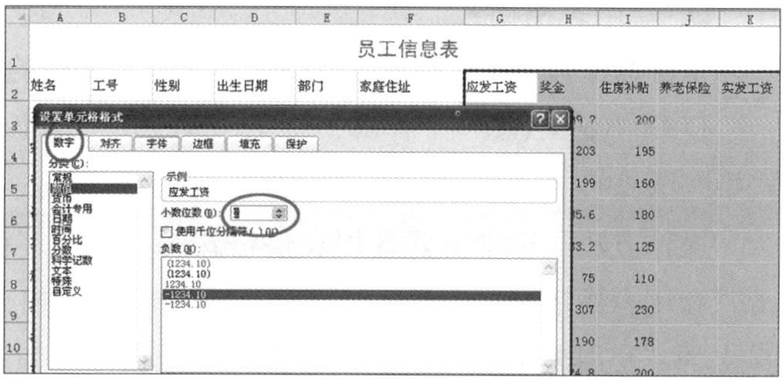

图4-21　设置数值型数据格式

任务3　设置表格边框

为了修饰电子表格，可以为电子表格设置表格的内外边框。将“员工信息”工作表加绿色双线外边框，内部加黑色单线。

操作方法：选中需要边框的单元格，在“设置单元格格式”对话框的“边框”标签，依次选择“线条”和“颜色”，预置中的“外边框”和“内部”，完成边框设置，如图4-22所示。

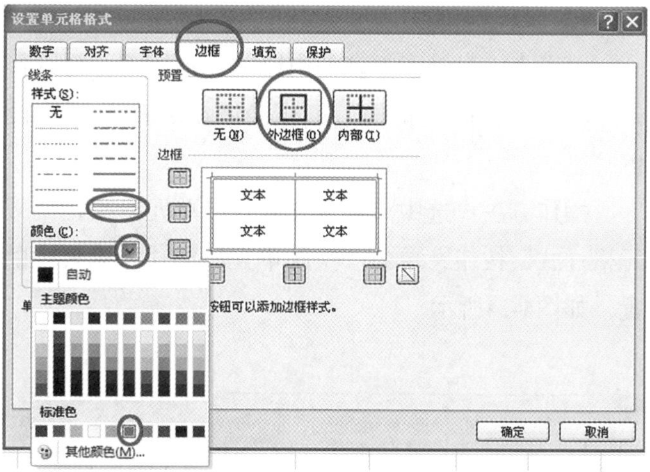

图4-22　设置边框

任务4 背景填充

单元格可以填充不同的颜色和不同的填充效果。将“员工信息表”中的“部门”列加上黄色背景。

操作方法：选中需要设置背景的单元格区域，选择“设置单元格格式”对话框中“填充”标签，默认背景色是“无颜色”，按要求选择背景色中的黄色，单击“确定”即可。

任务5 套用表格格式及单元格样式

Excel 2010提供了丰富的内置的套用表格格式和单元格样式，应用后可以快速设计电子表格格式或单元格格式。

1 套用表格格式

直接选择套用表格格式可以快速设置电子表格的单元格及表格数据显示的效果。

打开“ygxx.xlsx”工作簿，将工作表“员工信息备份”设置为自动套用格式“表格样式中等深浅9”。

操作方法：选中需要套用表格格式的单元格，在“开始”选项卡“样式”组中，单击“套用表格格式”按钮，选择列表中的表格样式“表格样式中等深浅9”，单击后，在弹出的“套用表格式”窗口中确认表格数据来源后，单击“确定”按钮即可，如图4-23所示。

2 单元格样式

电子表格提供了丰富的内置单元格样式，可以帮助使用者快速地设置单元格格式。

将“员工信息备份”工作表中A2：F2单元格设置单元格样式为“60%-强调文字颜色3”。

操作方法：选中需要设置格式的单元格，在“开始”选项卡“样式”组中，单击“单元格样式”按钮，单击“主题单元格样式”列表中的“60%-强调文字颜色3”即可完成设置，如图4-24所示。

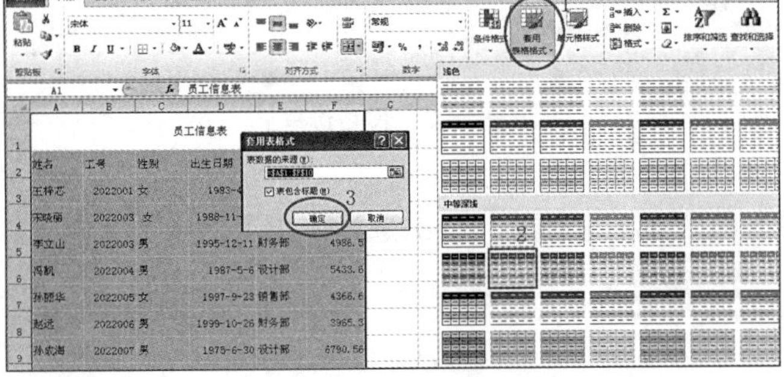

图4-23 套用表格格式

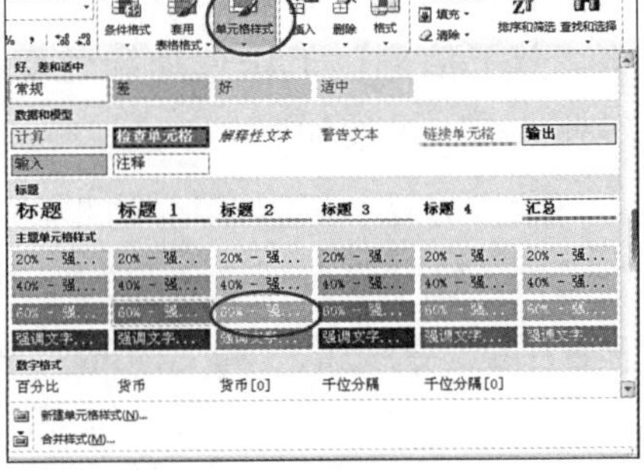

图4-24 单元格样式

任务6 设置条件格式

Excel电子表格提供了按指定条件设置特殊格式的操作，包括突出显示单元格规则、项目选取规则、数据条等。

在“员工信息”工作表中，完成下面操作：

1 将“应发工资”超过5000元的数值标记为红色

操作方法：

①选中“应发工资”列数据。

②在“开始”选项卡中“样式”组单击“条件格式”按钮，执行下拉菜单“突出显示单元格规则”中的“大于…”选项，如图4-25所示。

③在弹出的对话框中，将“为大于以下值的单元格设置格式”的数值改为5000，“设置为”选择列表中的“红色文本”，单击“确定”即可完成设置，如图4-26所示。

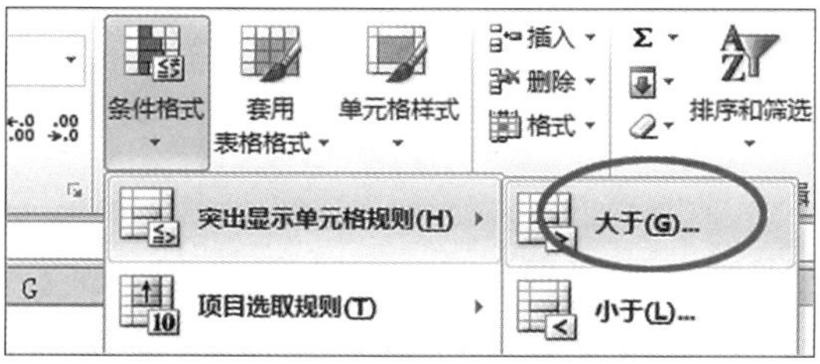

图4-25 突出显示单元格规则

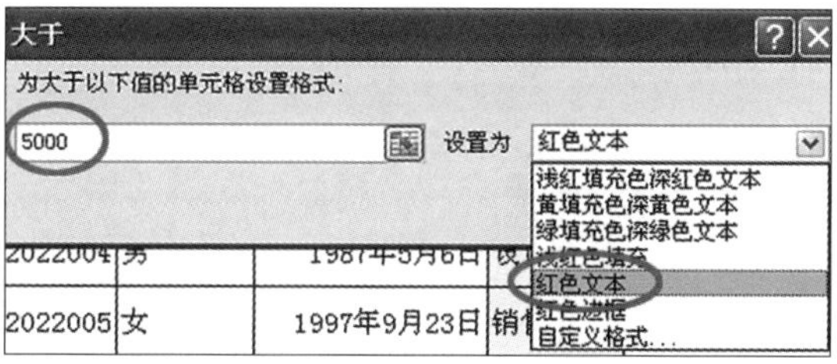

图4-26 设置突出显示格式

2 将“住房补贴”最高的前三名设置为“浅红填充色深红色文本”格式

操作方法：

①选中“住房补贴”列数据。

②在“开始”选项卡中“样式”组单击“条件格式”按钮，执行下拉菜单“项目选取规则”中的“值最大的10项…”选项，如图4-27所示。

③在弹出的对话框中，将“为值最大的那些单元格设置格式”的值改为3，选择“设置为”列表中“浅红填充色深红色文本”选项，单击“确定”即可完成设置。

操作练习

1. 新建文件“销售.xlsx”，在Sheet1工作表中录入下面数据，如图4-28所示。

2. 在“销售.xlsx”文件Sheet1工作表中完成以下任务：

（1）合并A1：F1单元格，标题设置水平对齐居中、垂直对齐居中，标题字体设置为“黑体”，20号。

（2）设置表格外边框为红色双线，内部为黑色细实线。

（3）将“工号”列数据设置为文本型数据。

图4-27　项目选取规则

	A	B	C	D	E	F
1	中海公司2021年一季度销售统计报表					
2	工号	姓名	部门	1月（元）	2月（元）	3月（元）
3	2021003	王丽	一部	43800	32100	24000
4	2021001	张明远	三部	61000	53300	38000
5	2021005	孙强	三部	44000	39000	54600
6	2021002	李雪	二部	45800	53200	59100
7	2021009	王小峰	一部	42800	29900	45100
8	2021007	宋晓菲	二部	35400	32600	29300
9	2021004	苏桐	三部	62800	49700	51000
10	2021006	张浩	一部	36700	53900	49300
11	2021008	李春玉	二部	49800	46600	60700
12	2021010	韩玲玲	三部	53500	39600	42100

图4-28　销售统计表

（4）将所有列标题设置单元格式样式为“20%-强调文字颜色1”。

（5）将1月销售额超过50000元的单元格设置为“浅红色填充”。

（6）将“工号”一列背景颜色填充为“浅绿色”。

实训项目五　数据计算

实训目的

- 掌握利用公式计算数据的方法；
- 掌握利用函数进行计算的方法；
- 能够为单元格正确设置批注。

实训内容

利用电子表格可以进行数据的计算和分析。电子表格除了可以进行常规的公式计算外，还有不同类型、功能强大的函数来完成数据加工处理。

任务1　利用公式计算数据

打开“ygxx.xlsx”工作簿，在“员工信息”工作表中完成以下任务。

1 用公式计算出养老保险的值（每位员工按应发工资的2%上缴养老保险）

操作方法：

①选中J3单元格，输入“=G3*2%”，按Enter键得出结果，如图4-29所示。单元格地

址可以通过键盘输入，也可以用鼠标单击相应单元格选取。

②计算出第一位员工的养老保险后，选中J3单元格，利用填充柄拖动，计算出其他员工的养老保险。

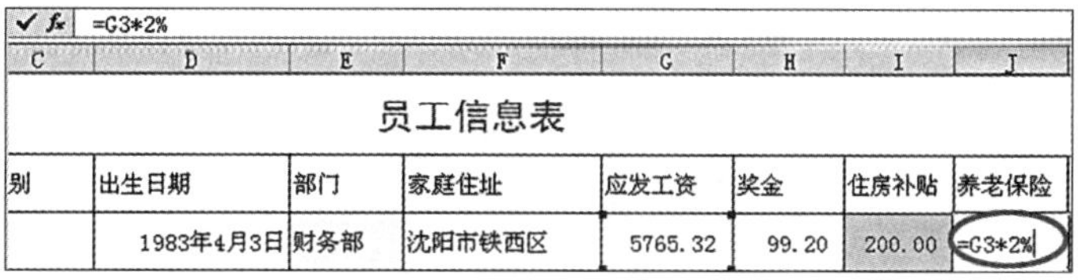

图4-29　计算养老保险

2 计算每位员工的实发工资（实发工资的计算方法：实发工资=应发工资+奖金+住房补贴−养老保险）

图4-30　计算实发工资

操作方法：

①选中K3单元格，输入公式“=G3+H3+I3–J3”，按Enter键得出结果，如图4-30所示。

②选中K3单元格，使用填充柄拖动计算其他员工的实发工资。

> **小贴士**
>
> 单元格地址的引用分为相对引用、绝对引用和混合引用。
>
> - 相对引用：是指使用单元格的行号和列号表示单元格的地址。当引用的位置发生变化，公式中所有包含的单元地址也会发生相应改变。
> - 绝对引用：是指在引用地址的行号和列号前均加入“$”符号。当引用的位置发生变化，引用的地址依然不会变化，如：A2。
> - 混合引用：是指在引用的地址行号或列号前加一个“$”符号，当引用的位置发生变化时，加入“$”符号的行号或列号部分不会发生变化，如$A2或A$2。

任务2　利用函数计算数据

1 函数的组成

函数由函数名、小括号和参数组成。当括号内有多个参数时，用逗号间隔。函数包括数字与三角函数、统计函数、财会函数、时间和日期函数、逻辑函数等。

2 使用函数完成运算

在“员工信息”工作表中，完成下列运算任务：

（1）在单元格A12添加行标题“合计”，使用函数计算应发工资、奖金、住房补贴、养老保险及实发工资的总和

操作方法：

①选中G12单元格，单击“公式”选项卡中“自动求和”按钮，如图4-31所示。

②G12单元格会出现求和函数SUM（），检查数据区域是否正确，如果数据区域正确，按Enter键即可完成计算，如图4-32所示。

③选中G12单元格，使用填充柄拖动计算奖金、住房补贴、养老保险和实发工资的总和。

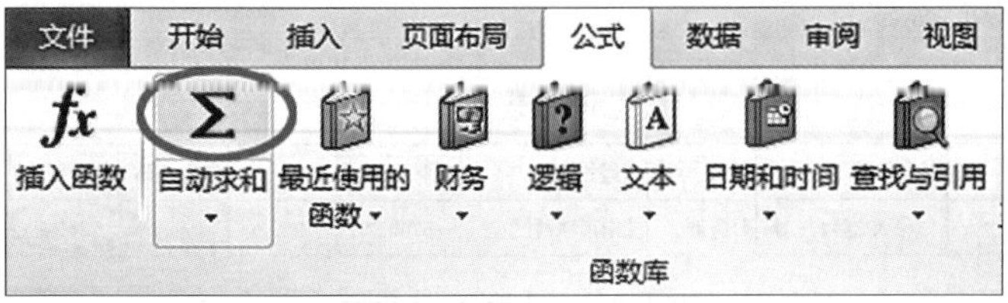

图4-31　自动求和按钮

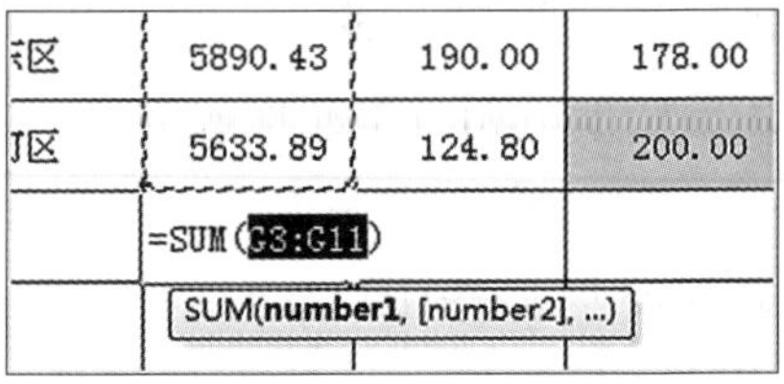

图4-32　求和计算

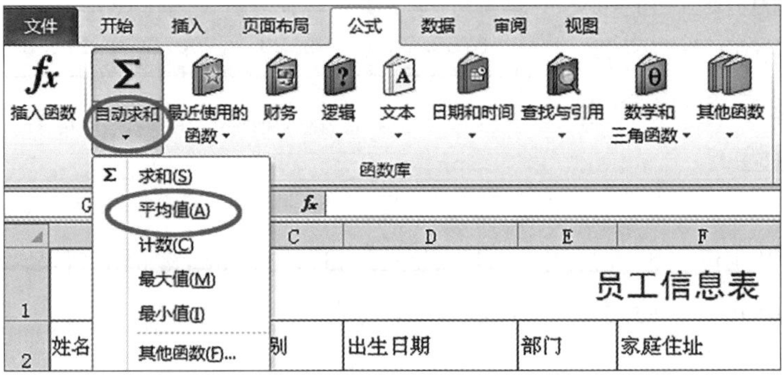

图4-33　求平均数按钮

（2）在单元格A13添加行标题“平均值”，使用函数计算应发工资、奖金、住房补贴、养老保险及实发工资的平均值

操作方法：

①选中G13单元格，单击“自动求和”按钮下方的箭头，单击下拉菜单中的“平均值”选项，如图4-33所示。

②在G13单元格会出现求平均值函数AVERAGE（ ），如数据区域正确，按Enter键即可，否则，可拖动鼠标重新选择数据区域。

③同样可用填充柄向右拖动完成其他工资项的平均值计算。

小贴士

● 常用函数的使用可以使用求和按钮完成，除了这种方法外，还可以使用“插入函数”命令来调用任意一个函数，如图4-34所示。

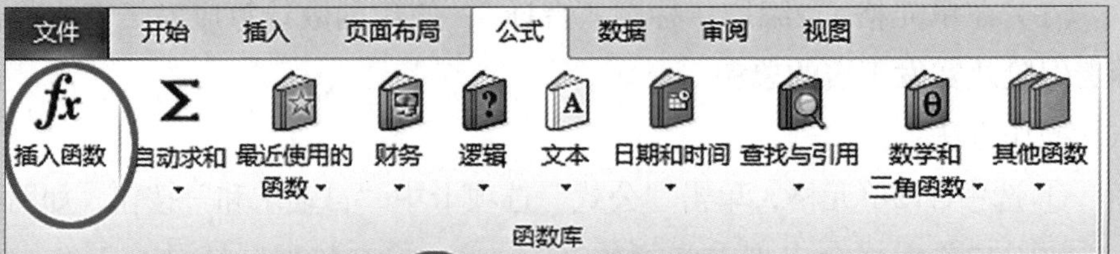

图4-34　插入函数按钮

任务3 设置单元格批注

批注是对单元格额外添加的内容，对一些特定情况进行说明。批注内容不会显示在单元格内，设置批注的单元格右上角会出现一个红色三角标志，鼠标指向三角标志，会出现一个文本框来输入批注内容。

实发工资最高的员工是孙成海，在A9单元格插入批注，批注内容是“工资最高”。

操作方法：

①选中A9单元格，右击鼠标，在快捷菜单中单击“插入批注”，在批注文本框中输入“工资最高”。

②如果想修改或删除批注，右击鼠标，在快捷菜单中选择“编辑批注”或“删除批注”即可。

操作练习

（1）打开“ygxx.xlsx”工作簿，在“员工信息”工作表中完成下面的任务：

①在A14单元格中添加行标题“最大值”，在G14单元格中利用最大值函数（MAX）统计出应发工资的最高值，并利用填充柄拖动计算出其他工资项的最高值。

②在A15单元格中添加行标题“最小值”，在G15单元格中利用最小值（MIN）函数统计出应发工资的最低值，并利用填充柄拖动计算出其他工资项的最低值。

③在L2单元格添加列标题“优秀员工”，如果奖金超过200元，“优秀员工”列输入“是”，如果小于等于200元，输入“否”。利用IF函数完成优秀员工的判定。

④重新合并A1：L1单元格，将新增加的行列分别调整行高为28，列宽为10，并重新设置表格边框。

（2）打开“销售.xlsx”工作簿，完成下面的任务：

①在G2单元格输入列标题“一季度销售额”，设置列宽为14。

②利用函数计算每个员工的一季度销售额。

③在A13单元格输入行标题“合计”，计算所有员工的各月销售总和。

④重新为表格设置红色双线外边框和内部黑色细实线。

小贴士

IF函数的基本格式：

IF（逻辑条件，结果1，结果2）

当逻辑条件判断值为真时，返回结果1，否则返回结果2。如IF（H3>200，“是”，“否”），当H3的值大于200，函数返回值为“是”；如果小于等于200，则返回值为“否”。

实训项目六

加工数据

实训目的

- 掌握排序和多重排序的方法；
- 掌握分类汇总的方法；
- 掌握不同条件下进行自动筛选及高级筛选的方法。

实训内容

任务1 排序

排序操作可以调整工作表中的数据排列顺序，大量的数据进行排序后，可以方便对数据浏览与分析，查找所需要的数据也更加容易。

打开“ygxx.xlsx”工作簿，将“员工信息”工作表中A1：L11单元格的数据复制到Sheet2工作表，并将Sheet2工作表改名为“员工排序”，并将“员工排序”工作表复制两份，分别改名为“分类汇总”和“员工筛选”。

1 排序

打开“员工排序”工作表，按“实发工资”进行升序排序。

操作方法：选中排序的数据区域，单击“数据”选项卡中“排序和筛选”组的“排序”按钮，在“排序”对话框中选择排序的关键字、排序次序，单击“确定”即可按指定关键字排序，如图4-35所示。

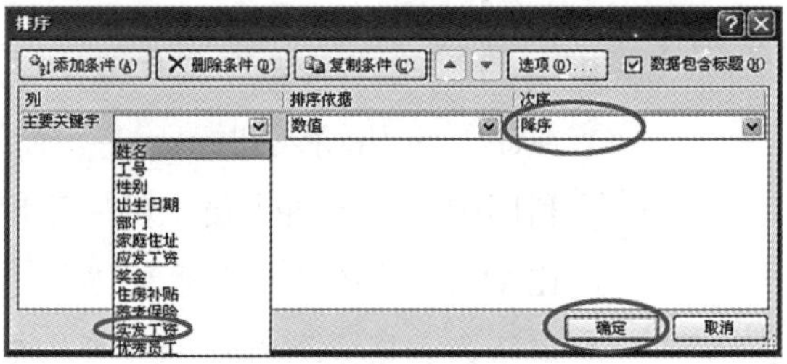

图4-35 按实发工资排序

2 多重排序

当排序主要关键字出现相同值时，可以增加排序条件，即添加若干次要关键字做参考。

例如，如果实发工资出现相同值，则可以选择次要关键字“奖金”，继续进行升序或降序比较；如果主要关键字没有相同值，则次要关键字不需要进行比较，如图4-36所示。

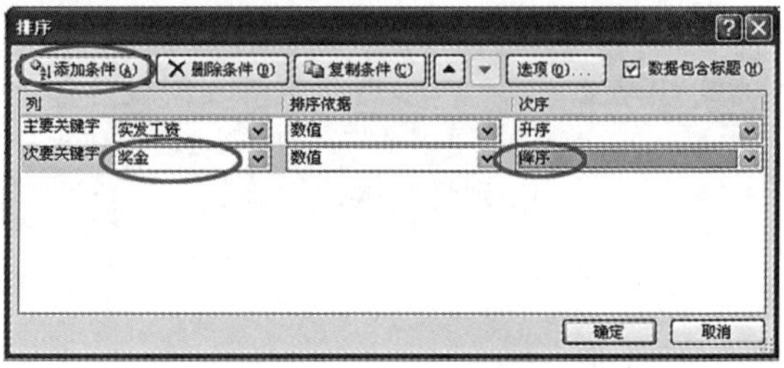

图4-36 多重排序

任务2 分类汇总

使用分类汇总，可以快速对已经分类的数据进行汇总统计，如计算同类数据的总和、平均值等。

打开“ygxx.xlsx”工作簿，在“分类汇总”工作表中对不同部门的员工的实发工资进行求和分类汇总。

操作方法：

①首先按分类的字段进行排序，把相同关键字的行排列在一起。将“分类汇总”工作表按“部门”字段进行升序排序，如图4-37所示。

图4-37 按部门升序排序

②选择“数据”选项卡中“分级显示”组，单击“分类汇总”按钮，在弹出的“分类汇总”对话框中，将“分类字段”选择为部门，“汇总方式”选择为求和，“选定汇总项”勾选实发工资，其他选项应用默认状态，单击“确定”按钮即可，如图4-38所示。

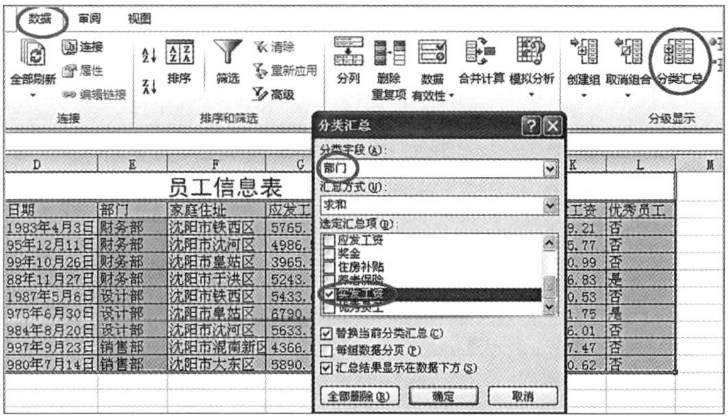

图4-38 分类汇总

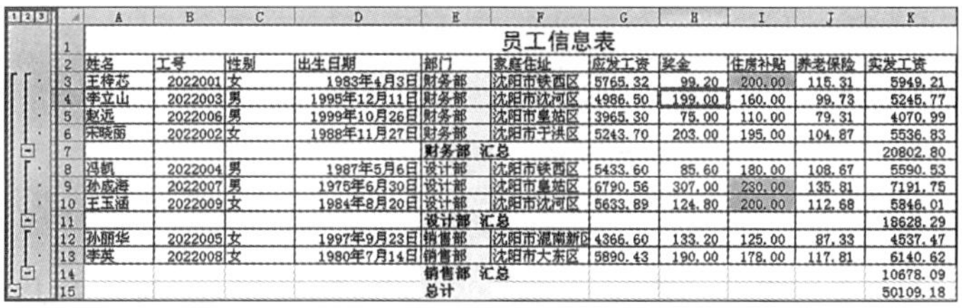

	A	B	C	D	E	F	G	H	I	J	K
1	员工信息表										
2	姓名	工号	性别	出生日期	部门	家庭住址	应发工资	奖金	住房补贴	养老保险	实发工资
3	王梓芯	2022001	女	1983年4月3日	财务部	沈阳市铁西区	5765.32	99.20	200.00	115.31	5949.21
4	李立山	2022003	男	1995年12月11日	财务部	沈阳市沈河区	4986.50	199.00	160.00	99.73	5245.77
5	赵远	2022006	男	1999年10月26日	财务部	沈阳市皇姑区	3965.30	75.00	110.00	79.31	4070.99
6	宋晓丽	2022002	女	1988年11月27日	财务部	沈阳市于洪区	5243.70	203.00	195.00	104.87	5536.83
7					财务部 汇总						20802.80
8	冯凯	2022004	男	1987年5月6日	设计部	沈阳市铁西区	5433.60	85.60	180.00	108.67	5590.53
9	孙成海	2022007	男	1975年6月30日	设计部	沈阳市皇姑区	6790.56	307.00	230.00	135.81	7191.75
10	王玉涵	2022009	女	1984年8月20日	设计部	沈阳市沈河区	5633.89	124.80	200.00	112.68	5846.01
11					设计部 汇总						18628.29
12	孙丽华	2022005	女	1997年9月23日	销售部	沈阳市浑南新区	4366.60	133.20	125.00	87.33	4537.47
13	李英	2022008	女	1980年7月14日	销售部	沈阳市大东区	5890.43	190.00	178.00	117.81	6140.62
14					销售部 汇总						10678.09
15					总计						50109.18

图4-39 分类汇总结果

③分类汇总的结果可以分级查看。单击分级显示按钮1，只显示实发工资总和；单击分级显示按钮2，显示部门分类，可以查看各部门实发工资合计；单击分级显示按钮3，显示各部门所有分类明细，如图4-39所示。

④如果要取消分类汇总结果，执行“分类汇总”对话框中的“全部删除”即可。

操作练习

（1）打开“销售.xlsx”工作簿，将Sheet1工作表中的数据按部门分类，对员工的1月、2月、3月的销售数据进行求和分类汇总。

（2）打开“ygxx.xlsx”工作簿，在分类汇总工作表中完成以下操作：

①删除已完成的分类汇总。

②以性别为分类字段，对员工的奖金、住房补贴进行求平均值的分类汇总。

任务3 筛选

筛选可以将符合指定条件的数据从众多数据中显示出来，将不符合条件的数据暂时隐藏起来。筛选分为自动筛选和高级筛选。

在“员工筛选”工作表中完成以下操作：

1 自动筛选

选中参与筛选的数据区域，单击“数据”选项卡中“排序和筛选”组的“筛选”按钮，则在标题行中每个列标题右侧会出现一个筛选下拉按钮，单击按钮可以显示出下拉菜单，选择相应的选项可以筛选出符合条件的记录，如图4-40所示。

（1）显示所有“财务部”的员工

操作方法：单击“部门”列筛选下拉按钮，勾选“财务部”前面的复选框，如图4-41所示，单击“确定”按钮，则只显示财务部员工的信息。

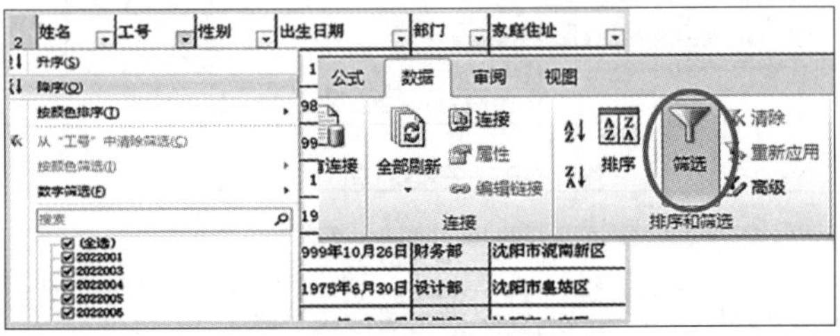

图4-40　筛选

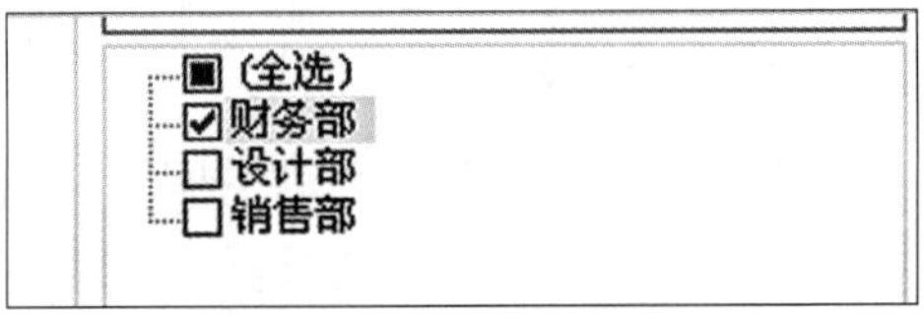

图4-41　勾选财务部员工

（2）利用“数字筛选”筛选出奖金超过100元并且住房补贴为200元以上（含200元）的员工

操作方法：

①单击“奖金”列的筛选下拉按钮，选择“数字筛选”下拉列表中的“大于”，在“自定义自动筛选方式”对话框中，在大于右侧输入100，单击“确定”即可，如图4-42所示。

②再用相同的方式在住房补贴列中设置住房补贴大于等于200，单击“确定”，这样就可筛选出满足条件的记录。

（3）利用“数字筛选”筛选出养老保险介于80～100元的员工

操作方法：选择“数据筛选”下拉列表中的“介于”，在“自定义自动筛选方式”对话框中输入相应数值，单击“确定”即可，如图4-43所示。

（4）筛选实发工资最高的前5位员工

单击“实发工资”列的筛选下拉按钮，选择“数字筛选”下拉列表中的“10个最大的值”，在弹出的对话框中将“最大”值改为5，即可显示实发工资最高的前5个员工，如图4-44所示。

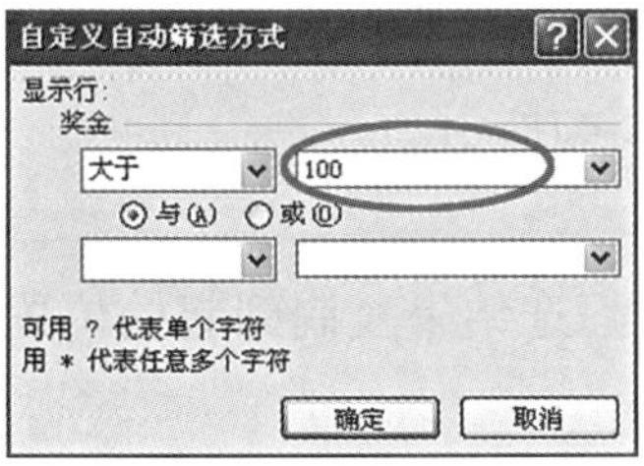

图4-42 设置大于条件

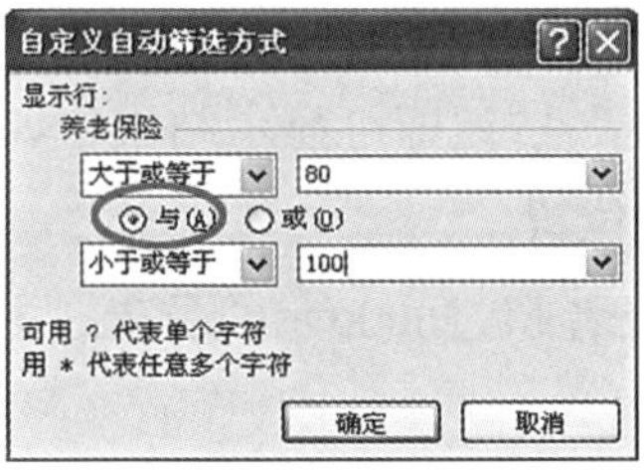

图4-43 设置介于条件

图4-44 自动筛选前5个

> **小贴士**
> - 如果想取消当前的自动筛选内容，可以单击“数据”选项卡中“排序和筛选”组的“清除”按钮。
> - 如果想取消自动筛选，再次单击“筛选”按钮即可。

2 高级筛选

高级筛选可以对相对复杂的条件进行筛选。筛选的结果可以在原数据位置上显示，也可以复制到工作表中指定位置显示。高级筛选需要设置条件区域，如果条件是“与”关系，在列之间排列，如果条件是“或”关系，在行之间排列。

取消“员工筛选”工作表中的自动筛选操作，并将其复制成2个工作表，分别命名为“员工高级筛选1”“员工高级筛选2”，并完成下面操作。

（1）在原有区域显示筛选结果

筛选出应发工资超过5500元的女员工。

①选择“员工高级筛选1”工作表，在与数据清单至少间隔一行的空白区域输入高级筛选条件，如图4-45所示。

②单击“数据”选项卡中“排序和筛选”组的“高级”按钮，弹出“高级筛选”对话框，如图4-46所示，其中：

方式：选择筛选结果显示的位置。

列表区域：选择进行筛选的数据区域。

条件区域：筛选条件的数据区域。

复制到：如果不在原有区域显示筛选结果，输入复制到的起始单元格地址。

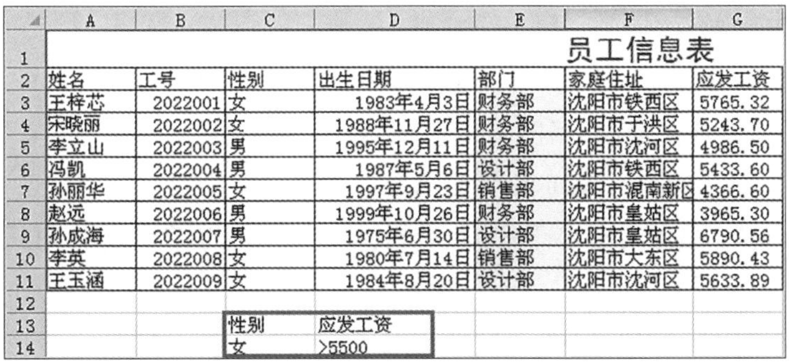

	A	B	C	D	E	F	G
1						员工信息表	
2	姓名	工号	性别	出生日期	部门	家庭住址	应发工资
3	王梓芯	2022001	女	1983年4月3日	财务部	沈阳市铁西区	5765.32
4	宋晓丽	2022002	女	1988年11月27日	财务部	沈阳市于洪区	5243.70
5	李立山	2022003	男	1995年12月11日	财务部	沈阳市沈河区	4986.50
6	冯凯	2022004	男	1987年5月6日	设计部	沈阳市铁西区	5433.60
7	孙丽华	2022005	女	1997年9月23日	销售部	沈阳市浑南新区	4366.60
8	赵远	2022006	男	1999年10月26日	财务部	沈阳市皇姑区	3965.30
9	孙成海	2022007	男	1975年6月30日	设计部	沈阳市皇姑区	6790.56
10	李英	2022008	女	1980年7月14日	销售部	沈阳市大东区	5890.43
11	王玉涵	2022009	女	1984年8月20日	设计部	沈阳市沈河区	5633.89
12							
13			性别	应发工资			
14			女	>5500			

图4-45 “与”筛选条件

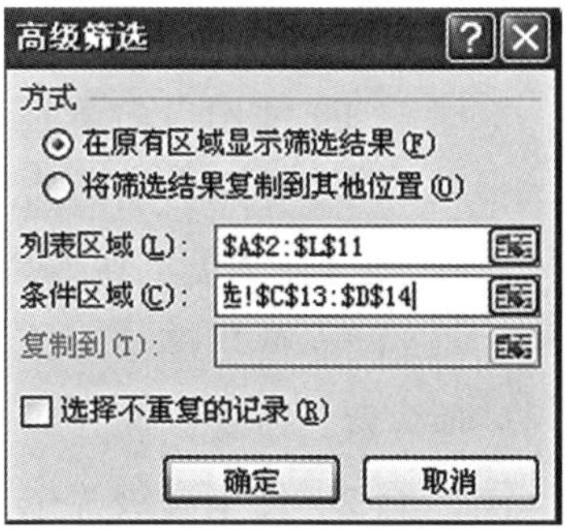

图4-46 高级筛选对话框

以上数据区域用鼠标拖动选择即可。

③设置完成后，单击“确定”按钮即可显示结果，如图4-47所示。

（2）**将筛选结果复制到其他位置**

显示应发工资小于5000元或者超过6000元的员工，并将筛选结果复制到起始位置为A17单元格的位置。

①选择“员工高级筛选2”工作表，在与数据清单至少间隔一行的空白区域输入高级筛选条件。表示“或”关系可以行之间排列或输入第二个条件时错行排列，如图4-48所示。

②单击“数据”选项卡中“排序和筛选”组中“高级”按钮，在弹出的“高级筛选”对话框中选择“将筛选结果复制到其他位置”，列表区域与条件区域与上面操作相同，在“复制到”选项，用鼠标单击选中起始单元格即可，最后单击对话框中的“确定”按钮，如图4-49所示，即可将筛选结果复制到起始单元为A17区域，原表格中数据不变。

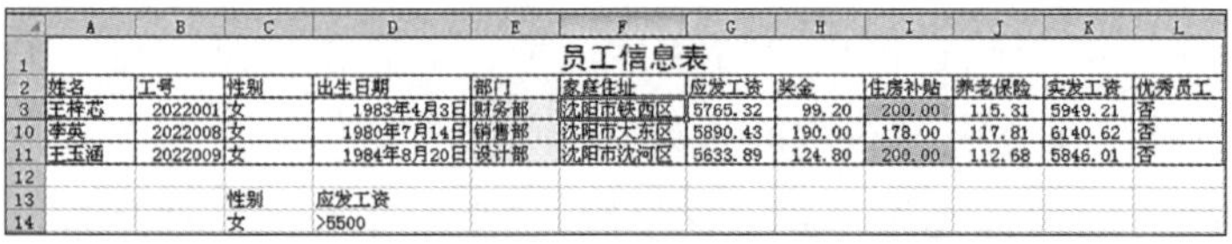

	A	B	C	D	E	F	G	H	I	J	K	L
1	员工信息表											
2	姓名	工号	性别	出生日期	部门	家庭住址	应发工资	奖金	住房补贴	养老保险	实发工资	优秀员工
3	王梓芯	2022001	女	1983年4月3日	财务部	沈阳市铁西区	5765.32	99.20	200.00	115.31	5949.21	否
10	李英	2022008	女	1980年7月14日	销售部	沈阳市大东区	5890.43	190.00	178.00	117.81	6140.62	否
11	王玉涵	2022009	女	1984年8月20日	设计部	沈阳市沈河区	5633.89	124.80	200.00	112.68	5846.01	否
12												
13			性别	应发工资								
14			女	>5500								

图4-47　筛选结果

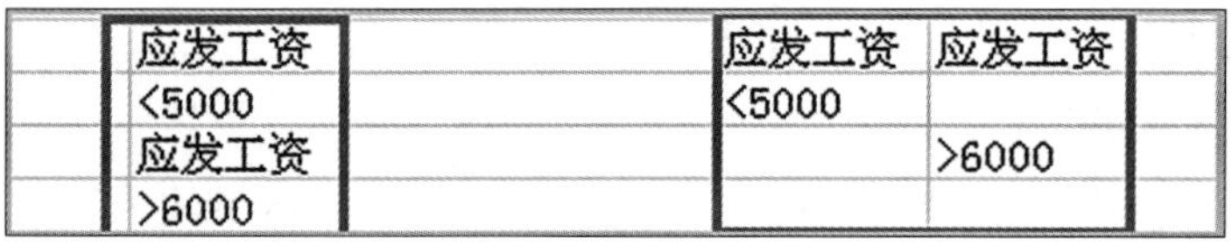

图4-48　“或”筛选条件

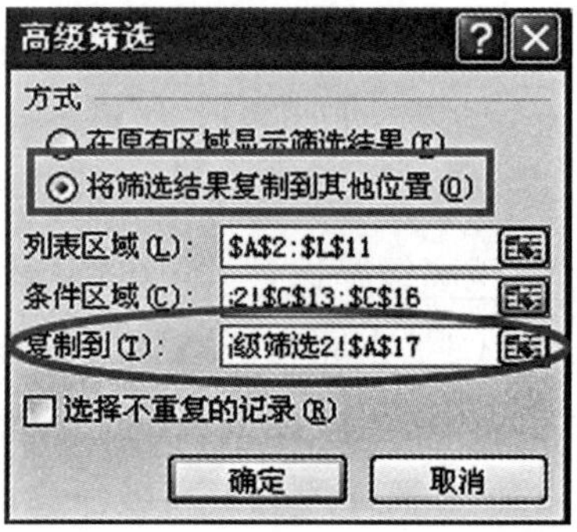

图4-49　筛选结果复制到其他位置

小贴士

- 与关系：表示所有条件必须同时满足。
- 或关系：表示任意一个条件满足即可。
- 高级筛选中条件区域中大于、小于、等于符号必须在半角英文状态下输入。
- 高级筛选在原有区域显示筛选结果，可以单击“清除”按钮取消筛选。

操作练习

1．在员工信息工作表中，完成以下任务：

（1）使用自动筛选，筛选出财务部中应发工资超过5000元的员工。

（2）使用自动筛选，筛选实发工资前3名的员工。

2．在“员工高级筛选2”工作表中，完成以下任务：

（1）使用高级筛选，筛选出所有奖金小于100元的男员工，将筛选结果复制到其他位置，位置任选。

（2）使用高级筛选，筛选出奖金超过100元或者实发工资超过5000元的员工，在原有区域显示筛选结果。

实训项目七

分析数据

实训目的

- 掌握电子表格图表的创建、编辑和格式化操作；
- 掌握数据透视表的创建方法及数据透视表样式的应用；
- 掌握数据透视图的创建方法并能够正确应用。

实训内容

在日常的工作和学习中，人们经常要对身边的数据进行分析，为工作学习提供有意义的数据信息。电子表格提供了图表、数据透视表等数据分析工具，可以生成形象、直观的数据图表，帮助人们选择利用有用的数据信息。

任务1 图表

图表用于演示和比较数据，能够直观表现出数据的大小与变化。常用的图表有柱形图、折线图、饼图、条形图等。

打开“ygxx.xlsx”工作簿，插入2个新工作表，并重命名工作表为“员工图表1”和“员工图表2”，将“员工信息”工作表中A1：L11的数据复制到这两个新工作表中。

1 创建图表

利用“员工图表1”工作表中的“姓名”“奖金”“实发工资”三列数据创建图表。

操作方法：

①选中工作表中的“姓名”“奖金”“实发工资”三列数据。如果数据不连续，可以按住Ctrl键拖动鼠标选择。

②单击“插入”选项卡中“图表”组的“柱形图”按钮，在子图表“三维柱形图”中选择“三维簇状柱形图”，如图4-50所示。

③选中图表，在“图表工具”|“布局”选项卡的“标签”组中，单击“图表标题”，在下拉列表中选择“图表上方”，如图4-51所示，在标题框中输入“员工工资”。

④同样单击“坐标轴标题”“图例”等按钮，可以输入坐标轴标题、调整图例位置等，效果如图4-52所示。

2 格式化图表

①单击选中图表中标题、图例等，选择“开始”选项卡中的“字体”组，对字体、

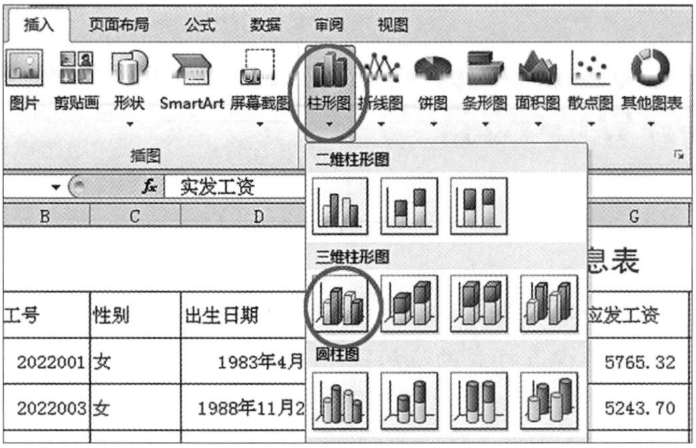
图4-50　创建图表

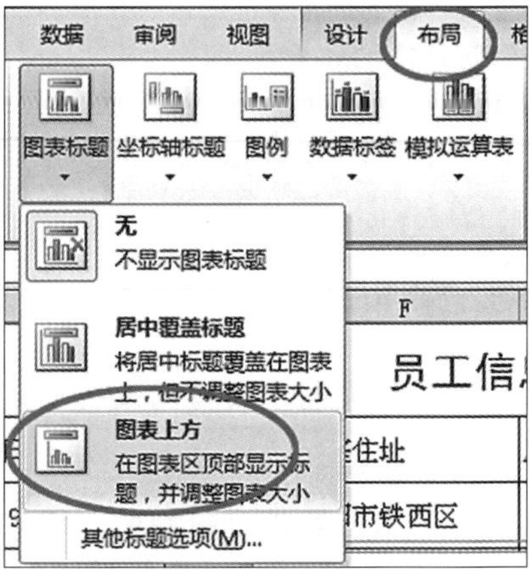
图4-51　设置图表标题

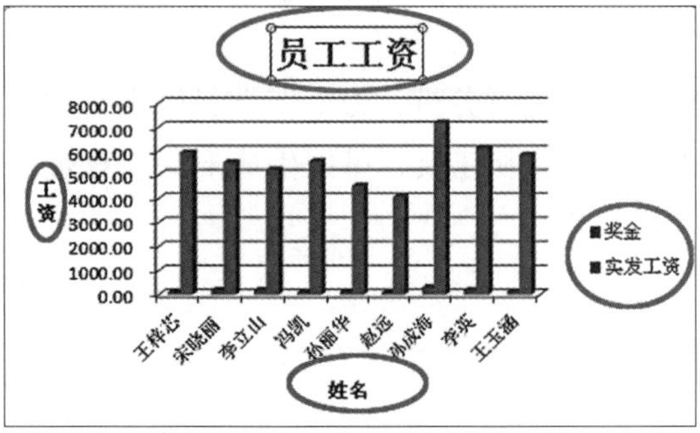

图4-52　设置图表选项

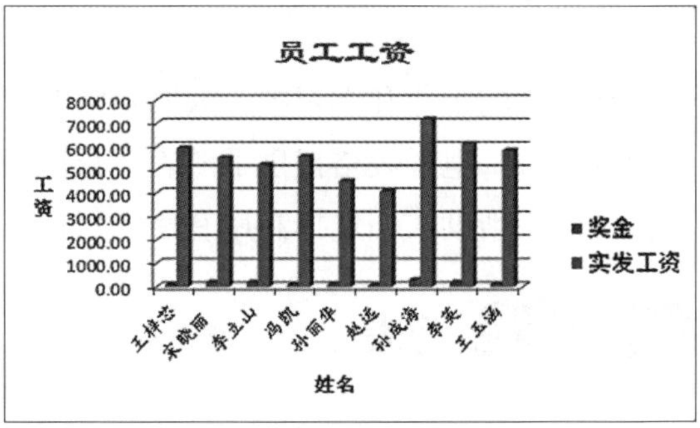

图4-53　设置图表文字

字号重新进行设置。图表标题设置字体为“隶书”、字体颜色为“蓝色”、字号为18号字，图例设置字体为“黑体”、字体颜色为“黑色”、字号为14号字，效果如图4-53所示。

②选中图表，在“设计”和“布局”选项卡中，可以进行图表布局、图表样式、坐标轴、背景等选项的设置。选中图表中不同对象，右击鼠标，在快捷菜单中可以选择相应对象格式的设置，如“设置图表区域格式”“设置图例格式”等。

3 利用相似的操作，生成其他类型的图表（如折线图、饼形图等）

4 移动图表

默认插入的图表生成在数据所在的“员工图表1”工作表中，图表也可以以新工作表的方式保存。

①选中图表，单击“设计”选项卡右侧的“移动图表”按钮，如图4-54所示。

②在弹出的对话框中，选择“新工作表”选项，则在当前工作表前生成图表工作表Chart1，如图4-55所示。

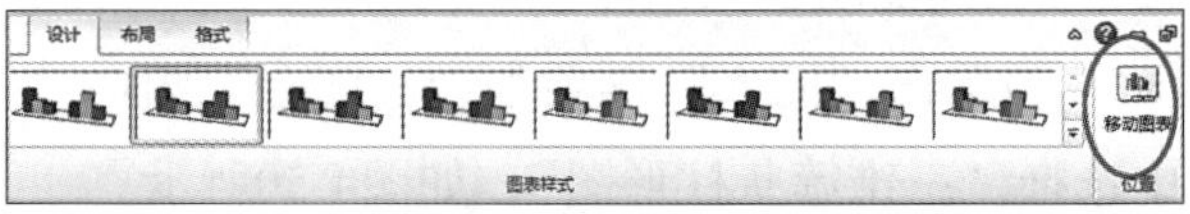
图4-54　移动图表

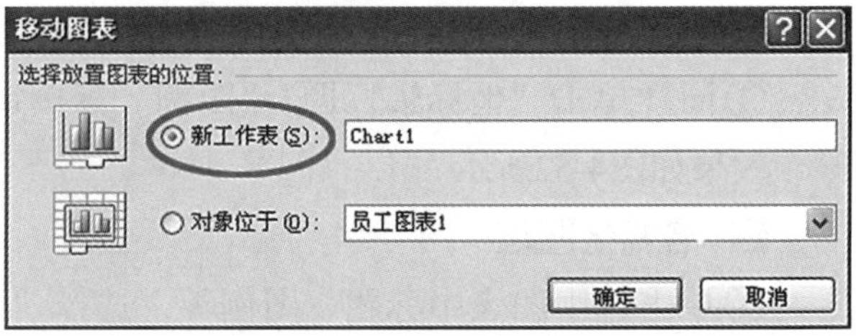

图4-55　“移动图表”对话框

任务2 数据透视表和透视图

数据透视表便于对数据进行汇总、浏览和分析。数据透视表是可以灵活地选择数据在行、列之间的排列，是一种交互式的表。数据透视表可以动态地改变版面布局，而且它可以进行多种汇总计算，如求和、计数、求平均值、乘积等。

建立新的工作簿，在Sheet1工作表中输入销售清单内容，如图4-56所示，并保存文件为“销售清单.xlsx”。

	A	B	C	D	E
1	电器产品销售清单				
2	销售日期	工号	员工姓名	产品类别	销售量
3	2022-1-1	2022001	王力	冰箱	12
4	2022-1-1	2022002	张强	电视机	11
5	2022-1-1	2022001	王力	空调	10
6	2022-1-2	2022003	孙丽丽	电视机	12
7	2022-1-2	2022001	王力	电视机	23
8	2022-1-3	2022002	张强	投影	6
9	2022-1-3	2022001	王力	空调	13
10	2022-1-4	2022004	李小山	电视机	8
11	2022-1-4	2022002	张强	电视机	12
12	2022-1-5	2022001	王力	空调	22
13	2022-1-5	2022003	孙丽丽	冰箱	9
14	2022-1-6	2022004	李小山	空调	15
15	2022-1-6	2022003	孙丽丽	投影	18
16	2022-1-7	2022004	李小山	音响	12
17	2022-1-8	2022001	王力	电视机	20

图4-56 销售清单表

1 创建数据透视表

①打开“销售清单.xlsx”工作簿，将光标置于数据区域任意单元格。

②单击“插入”选项卡中“表格”组的“数据透视表”按钮，如图4-57所示，弹出“创建数据透视表”对话框。

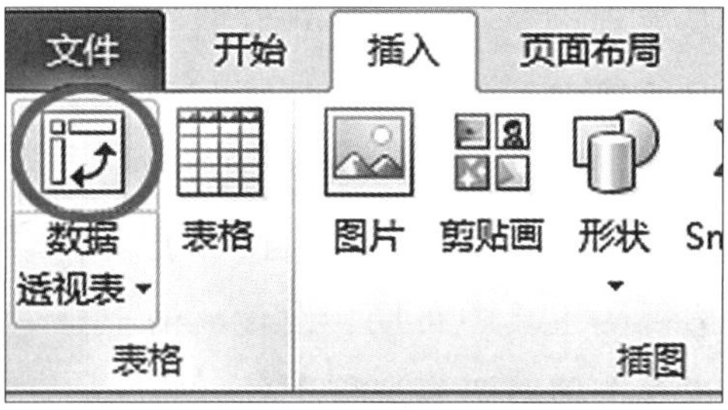

图4-57 数据透视表按钮

③在“创建数据透视表”对话框中，系统可以自动识别数据区域，也可以根据需要自行修改数据源。默认数据透视表的位置是新工作表，也可以选择现有工作表。设置后单击“确定”按钮，如图4-58所示。

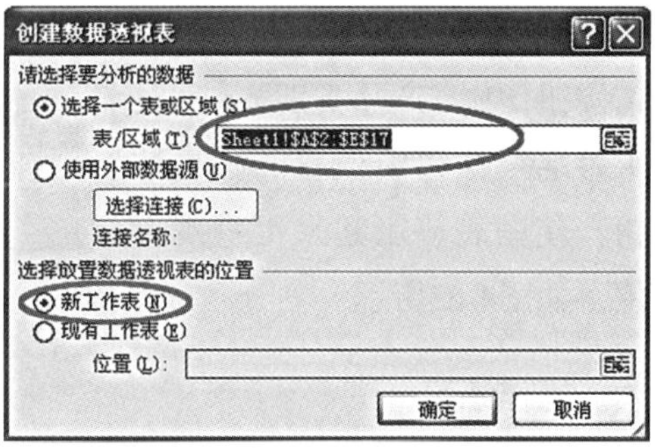

图4-58 创建数据透视表对话框

④在新工作表中出现空白数据透视表，首先勾选“选择要添加到报表的字段”；其次将勾选的字段分别添加到行列标签，例如将“产品类别”拖动添加到行标签，“员工姓名”添加到列标签，“销售量”添加到数值标签；最后单击“数据透视表工具”|“选项”选项卡中的“字段设置”，选择“选择用于汇总所选字段数据的计算类型”，如求和，即可生成数据透视表，如图4-59所示。

图4-59 设置数据透视表

⑤单击“数据透视表工具”|“设计”选项卡中的“数据透视表样式”组，在下拉列表中选择“数据透视表样式浅色16”来修饰数据透视表，如图4-60所示。

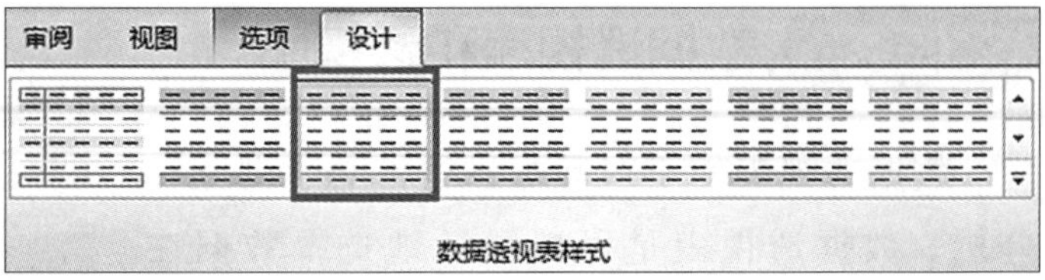

图4-60　数据透视表样式

2 创建数据透视图

①单击数据透视表，选择“数据透视表工具”|“选项”选项卡中“工具”组的“数据透视图”，单击即可根据数据透视表创建数据透视图，如图4-61所示。数据透视图的设置与普通图表相似，通过数据透视图工具中布局、设计、格式等选项对图表选项中各元素进行设置。

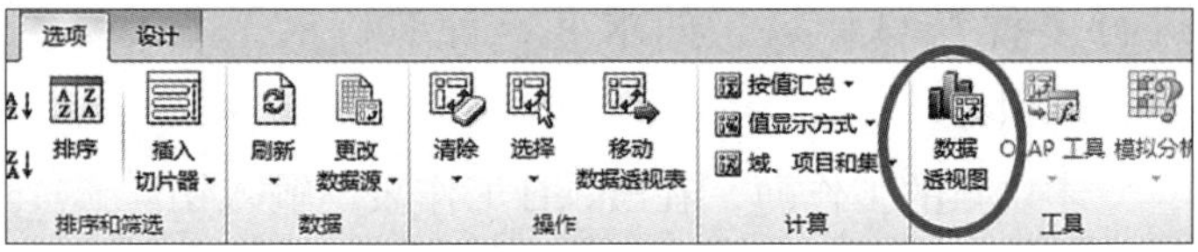

图4-61　数据透视图按钮

②数据透视图中设置了筛选按钮，如“产品类别”和“员工姓名”按钮中设置的筛选按钮，使图表使用起来更直观方便，如图4-62所示。

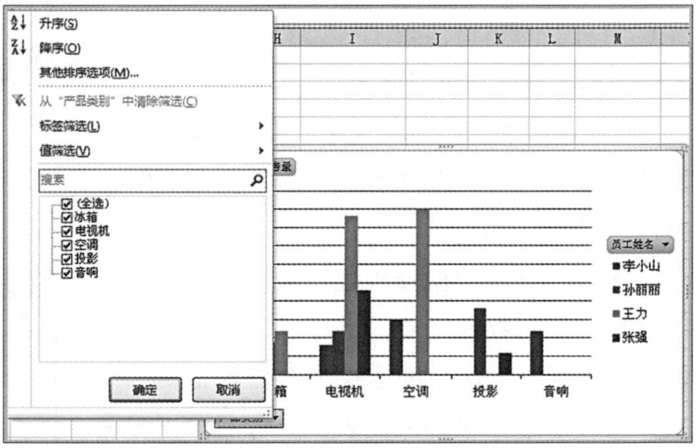

图4-62　数据透视图筛选按钮

操作练习

（1）打开“ygxx.xlsx”工作簿，在“员工图表2”工作表中完成以下任务：

①选择“姓名”“住房补贴”和“养老保险”三列数据，创建“三维饼图”。

②利用“姓名”“部门”和“实发工资”，创建数据透视表，统计各部门员工的实发工资的总和。

（2）打开“销售清单.xlsx”工作簿中的Sheet1工作表，将完成的数据透视表中的“产品类别”和“员工姓名”在行、列标签交换位置，看看数据透视表有什么变化。

实训项目八

初识大数据

实训目的

- 了解大数据的基础知识；
- 了解大数据采集与分析的相关技术；
- 了解大数据的应用场景。

实训内容

任务1 大数据的基础知识

大数据是指涉及的数据规模巨大，传统的数据处理软件无法处理的大而复杂的数据集合，是数据量大、数据种类繁多、高增长率的信息资产。

大数据主要特征包括数据体量大、数据类型多、数据产生速度快、数据价值密度低等。

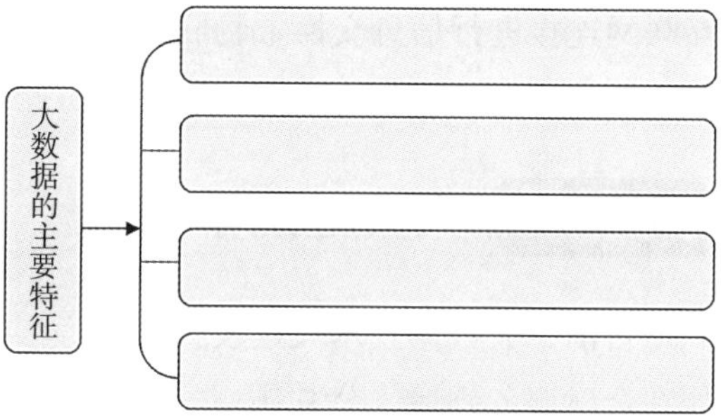

图4-63 大数据的主要特征

操作练习

请通过网络浏览或阅读教材，理解大数据的主要特征并填入图4-63。

任务2 大数据采集与分析的相关技术

大数据的核心价值在于存储和分析海量数据，随着计算机的运算能力、数据采集与储存技术的改进，大数据的专业处理能力也不断提高，使得大量有意义的数据信息被发现和利用。

大数据的处理流程一般包括四大步骤：数据采集与预处理、数据存储、数据挖掘和数据呈现。

操作练习

请将大数据处理流程的四大步骤补充完整（图4-64）。

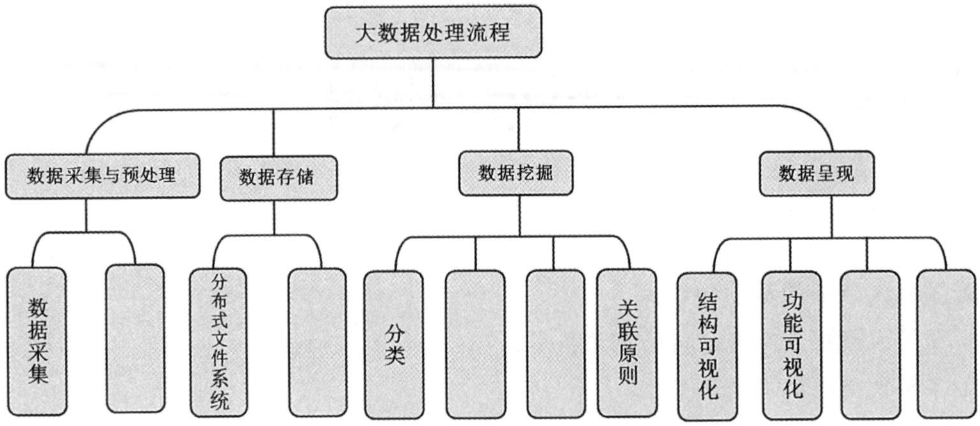

图4-64　大数据处理流程

任务3　大数据与物联网的关系

大数据与物联网是相互关联、相互作用的，物联网是万物互联，通过信息传感设备与互联网连接进行信息交换，物联网产生的海量数据本身就是大数据的一种，因此在数据的分析、处理上必须与物联网相匹配，由此可知物联网也推动了大数据的发展。

任务4　大数据应用场景

目前，大数据技术飞速发展，已经渗透到各行各业，给各个领域带来了巨大的影响。如在金融服务领域、公共领域、医疗健康领域、零售领域、生态环保领域等社会的诸多层面，都可以看到大数据为这些领域提供决策参考。

操作练习

请通过网络浏览或阅读教材，将大数据在不同领域的具体应用填入表4-3。

表 4-3　大数据的应用

大数据的应用领域	具体应用
金融服务领域	
公共领域	
医疗健康领域	
零售领域	
生态环保领域	

第五单元

程序设计入门

- 实训项目一　初识程序设计
- 实训项目二　Python的编程环境
- 实训项目三　Python语言基础
- 实训项目四　选择结构程序
- 实训项目五　循环结构程序
- 实训项目六　自定义函数
- 实训项目七　简单算法及程序实现

实训项目一

初识程序设计

实训目的

- 了解算法的概念与特征，理解算法的含义；
- 能够正确分析问题，设计合理的算法，并完成简单算法的描述；
- 了解常见的主流程序设计语言的种类与特点；
- 掌握Python语言程序的基本结构。

实训内容

任务1 认识算法

1 算法的概念

在计算机科学领域，算法是指用计算机解决问题而需要有序执行的、有限的步骤集合。

2 算法的特征

算法是指计算机解决问题的步骤，在设计算法时，首先要清楚解决问题的要求、结果，并以此为依据给出策略和方法，建立数学模型，将方法细化为可执行步骤，能够按算法要求解决问题。

操作练习

请上网搜索，查询算法的特征，并完善表5-1。

表 5-1 算法的特征

算法的特征	特征说明
确定性	算法对每一个步骤的描述必须是明确的
有限性	
可行性	算法的每一步操作都应是可以实施的，并且控制在有限的时间内完成
输入项	
输出项	

任务2 用算法解决问题的过程

1 分析问题

从现实情况中确定数据、运算和控制结构等核心要素，明确要解决的目标问题，并用数学符号描述解决问题的数学模型。

2 设计算法

有了数学模型后，依据算法的核心要素来设计算法。任何数据处理，一般都包括三个步骤：①输入数据；②处理数据；③输出结果。

3 描述算法

描述算法多用自然语言或者流程图来完成。自然语言通俗易懂，易于描述，但描述句子较长，容易产生歧义，且不便于转换成计算机语言。流程图是用一些图形符号来表示规定的算法，并用带箭头的流程线来连接图形符号，表示算法的进行方向，结构清晰准确。常用的流程图基本图形及功能，如表5-2所示。

表 5-2 流程图常用图形及功能

图形	名称	功能
	开始/结束	表示算法的开始或结束
	输入/输出框	表示算法中数据的输入与输出
	处理框	表示算法中要执行处理的内容
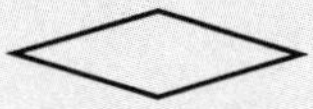	判断框	表示算法执行的条件判断
	流程线	表示算法的执行方向
	连接点	表示算法中的接续

操作练习

假设你是班长，要帮助同学办理医疗保险，那么该如何计算全班同学的保险费总和呢？请完成下面的算法描述。

1 分析问题

要计算保险费总和，要先知道每个同学的保险费金额和班级人数，设每人的保险费为m，班级人数为n，则全班保险费总和为s，计算总和s的数学公式为____________________。

2 设计算法

首先输入每位同学的保险费金额，赋值给变量m，输入班级人数，赋值给变量n，利用数学公式$s=m\times n$计算全班同学的保险费总和，将结果赋给变量s，最后输出保险费总和，即输出s的值。

3 描述算法

（1）自然语言描述

第一步，输入保险费用的单价和全班的总人数，即m与n的值；

第二步，计算s的值，即__________；

第三步，输出___________的值；

第四步，结束。

（2）流程图描述

请根据上面的自然语言描述，来完成班级保险费金额总和算法的流程图（图5-1）。

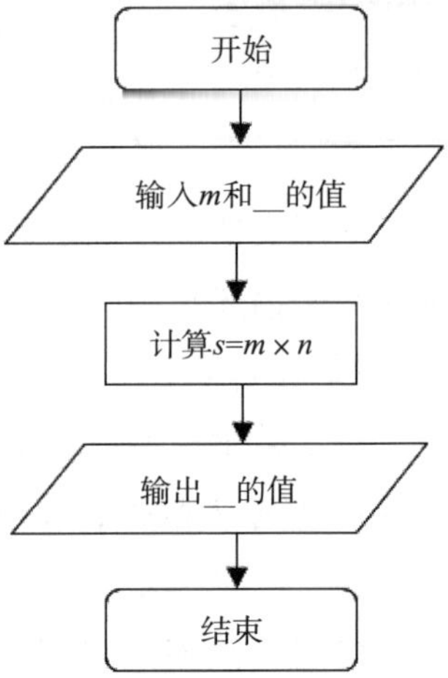

图5-1 保险费算法流程图

任务3 使用程序设计语言

1 程序设计语言

为了让计算机来帮助人们解决问题，需要将算法用某种计算机能够理解的语言来描述，这个过程称为计算机程序的编写。计算机程序是指一组指示计算机执行动作或做出判断的指令，通常用某种程序设计语言编写。

计算机语言的发展经历了从机器语言、汇编语言到高级语言三个阶段。机器语言是由“0”和“1”组成的二进制代码；汇编语言用一些简洁的英文字母、符号串来替代特定的指令；高级语言利用接近自然语言的语法结构和数学公式组成指令，程序更易于编写和理解。

2 高级语言

高级语言是利用接近人类日常用语的符号和数学公式来表示各类指令，易于学习，具有较高的可读性。但计算机不能直接识别和理解高级语言，需要计算机中的编译程序或解释程序处理后才能执行。常见的高级语言有Fortran、Basic、C、C++、Java、Python、Ruby等。

操作练习

下面是计算机程序设计语言的主要特征，请将表5-3填写完整。

表 5-3 程序设计语言的主要特征

程序设计语言	特点	优点	缺点
机器语言		执行效率高	可读性、维护性差
汇编语言	面向机器，指令采用了英文缩写的标识符		代码编写难度大，可读性与通用性差
高级语言	面向过程或对象，接近人类自然语言和数学语言		

3 程序的基本结构

无论功能多么复杂、多么强大的程序，都是由基本的程序结构组成的。根据程序执行的顺序和流程，基本的程序结构分为三种，即顺序结构、选择结构和循环结构。

操作练习

请正确理解程序的三种不同的结构。

（1）顺序结构。顺序结构是按照________________。每个操作步骤一定会被执行一次，而且只能执行一次，如图5-2所示。

（2）选择结构。选择结构是根据给定的________________选择执行程序的语句。首先进行条件判断，根据条件满足与否来决定执行哪一组语句，如图5-3所示。

（3）循环结构。循环结构是根据给定的________________反复执行相同的程序语句。判断条件是否满足，如条件满足则进入循环，执行循环体，之后再次判断条件，如此反复，直至循环条件不满足，退出循环，如图5-4所示。

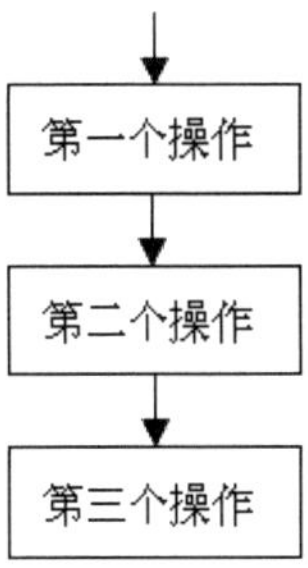

图5-2　顺序结构流程图

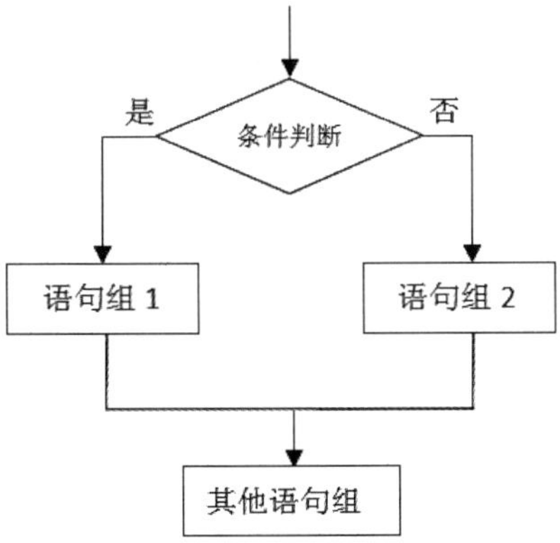

图5-3　选择结构流程图

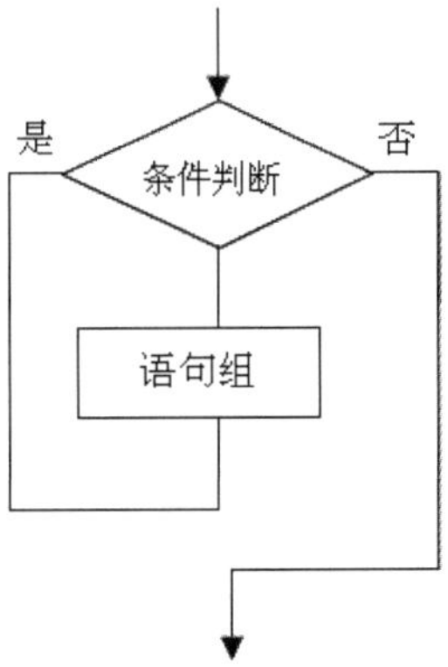

图5-4　循环结构流程图

实训项目二
Python的编程环境

实训目的

- 能够在终端会话中运行Python，并了解常见的交互式运行编程环境；
- 认识Python语言的数据类型与表达式；
- 掌握变量与赋值语句；
- Python的语句表达及注释的应用。

实训内容

任务1 在终端会话中运行Python

Python是面向对象、解释型的计算机程序设计的高级语言，语法简洁清晰，在编程解决问题时，需要严格遵守Python语言的语法规则，并选择合理的程序运行环境运行程序。

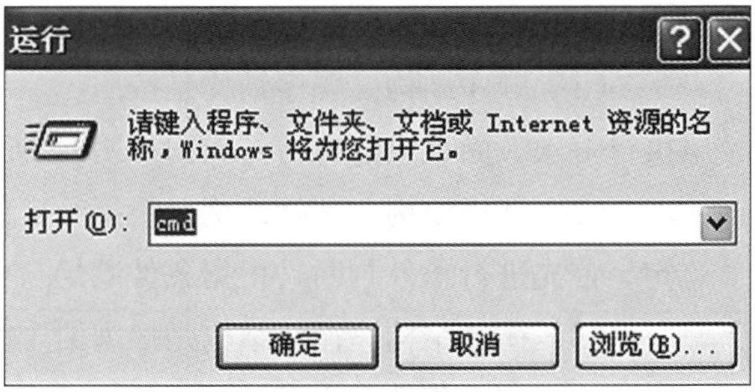

图5-5 运行

操作步骤：

①“开始”菜单|“运行”，输入“cmd”命令，单击“确定”，打开一个命令窗口，如图5-5所示。

图5-6 命令窗口运行Python

②在命令窗口中执行命令Python，则出现提示符“>>>”，如图5-6所示。

③在Python提示符后输入语句，即可运行。

④按Ctrl+Z，再按回车键，或者执行exit（ ）命令关闭终端会话。

试一试

如下所示，在提示符后输入打印语句，运行后可显示结果。

>>>print（ " Hello Python! " ）

结果是显示输出“Hello Python!”

任务2 使用集成开发环境（IDE）

集成开发环境（IDE）是提供程序开发环境的应用程序，编写Python程序比较方便的方式是使用IDE工具，一般包括代码编辑器、调试器、图形用户界面工具。IDE在输入代码时会进行检查，不符合Python代码格式时会提修改建议。常见的IDE有IDLE、Spyder、PyCharm、Wing等。

1 Python自带的IDLE

IDLE是开发Python程序的基本的IDE，具有IDE功能，它启动速度比较快，使用简单方便。

①在“开始”菜单选择“所有程序”，单击Python，在列表中执行“IDLE”，会出现

交互式解释器Python Shell，如图5-7所示。

IDLE解释器操作界面的“>>>”提示符下，可以输入Python语句，按Enter键运行。

试一试

在Python shell中输入下面内容，将会显示结果“Hello Python!”

```
>>>print（ " Hello Python! " ）
Hello Python!
```

②IDLE带有一个编辑器，可以编辑Python程序文件。

执行Python Shell菜单：“File”｜“New File”，可打开编辑器，出现编辑器操作界面，如图5-8所示，可在编辑窗口中输入程序代码。

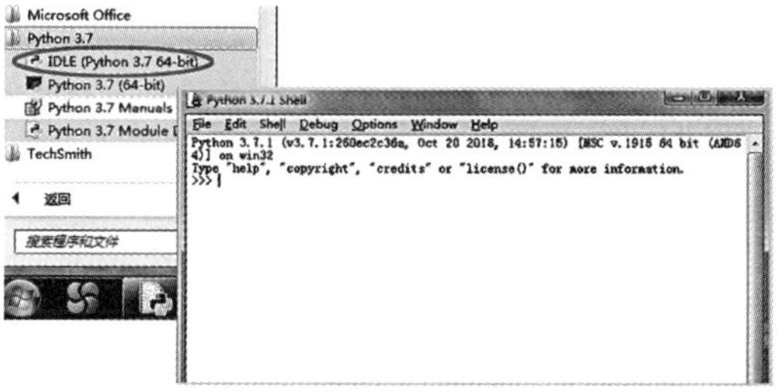

图5-7　运行IDLE

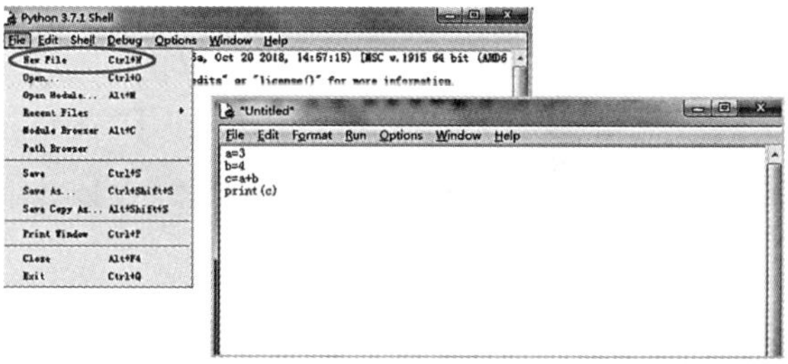

图5-8　IDLE编辑器

试一试

①在新建的文件中输入下面小程序：

```
a=3
b=4
c=a+b
print（c）
```

②通过编辑器菜单“File”|“Save”或“Save as”保存文件，命名为“Addition.py”。

③执行菜单中“Run”｜“Run Module”运行程序，查看运行结果。

在后面的学习中，将使用IDLE来调试程序。

2 IDE工具——Pycharm

Python自带的IDLE适用于初学者或教学，如果要应用于复杂的案例或项目开发，则需要使用IDE工具，如Spyder、Pycharm等。

下面是Pycharm创建项目的过程。

（1）创建一个Python项目

单击“Creat New Project”，项目名称为“Pysutdy”。

（2）**在Pystudy项目中创建Python程序代码文件**

右击项目文件“Pystudy”，在快捷菜单中单击选择“New”｜“Python File”｜输入文件名“Addition”。注意文件扩展名为.py，是指它是一个Python程序。

（3）**编写代码**

在编辑窗口中输入上面的加法运算程序代码。

（4）**运行程序**

第一次运行程序，使用“Run”菜单，如果已经运行过一次，可单击工具栏中的“▶”按钮或快捷键“Shift+F10”。

操作练习

1．编写计算班级同学保险费总和的程序。

根据算法分析，编写程序如下：

```
#输入保费金额和班级人数
m=float（input（ " 请输入保险费金额： " ））
n=int（input（ " 请输入班级人数： " ））
s=m*n
print（ " 保险费总和为： " ，s）
```

2．运行IDLE，新建文件，输入程序，保存程序名称为“保险费.py”。

3．菜单“Run”｜“Run Module”，或按F5运行程序，结果如图5-9所示。

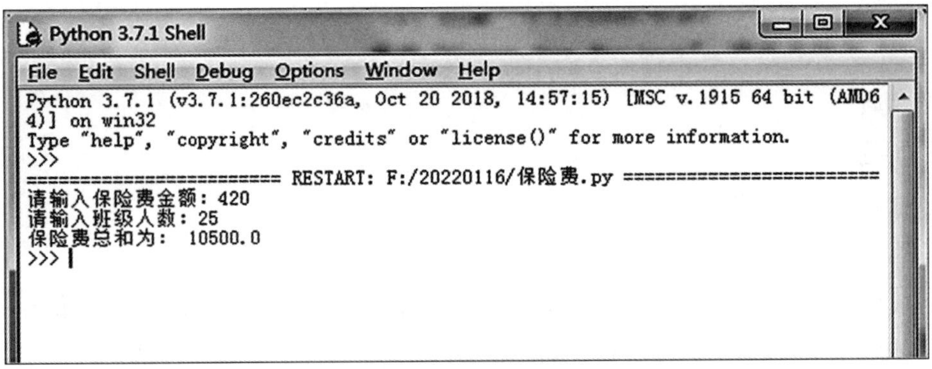

图5-9　保险费程序运行结果

小贴士

- int函数是将数字或字符串转换为整数。
- input函数是获取用户从键盘输入的数据。
- float函数的功能是将整数和字符串转换成浮点数。

实训项目三

Python语言基础

实训目的

- 认识常量和变量;
- 掌握Python语言常见的数据类型;
- 正确认识Python语言的运算符号和表达式;
- Python的基本语句及注释的应用。

实训内容

任务1 变量和常量

1 变量

(1)变量的概念

程序设计时，一些未知或可变的数据，可以使用变量来存储，每个变量都指向一个数值。

试一试

运行IDLE，请完成如下操作：

```
a= " Hello Python! "
print（a）
```

这个程序里，将“Hello Python”与变量a关联起来，执行第二行命令时，将与变量a关联的值打印到屏幕。

(2)变量的命名

变量命名遵循以下几个规则：

①变量名只能包含字母、数字和下划线。

②变量名通常以字母或下划线开头，不能以数字开头。

③变量名不能包含空格。

④变量名中不能出现Python关键字和函数名。

2 常量

常量是指其值在程序的运行过程中保持不变的量。Python没有内置的常量类型，但可以在程序代码中使用大写字母来指出将某个变量视为常量，其值始终不变。

任务2 Python基本数据类型

数据按照其特征可以分为不同类型，常见的Python基本数据类型如表5-4所示。

表 5-4　常见的 Python 基本数据类型

数据类型	表现形式	举例
整型	即数学中的整数，Python可对整数执行各种运算	1、45
浮点型	即数学中的实数，由整数部分和小数部分组成	3.1415、2.1e3（e3表示10^3）
布尔型	可以进行逻辑运算，有两种值：True或False	True、False
字符串型	用引号括起来的一系列字符，可以是单引号或双引号	“1234565”、“student”
列表	由一系列按特定顺序的元素组成	[12，3，53]['a'，'b'，'c']

试一试

请运行IDLE，打开“Addition.py”文件，修改程序中的语句，并运行文件。

```
a=3
b=4.3
c=a+b
print（ " a+b的值等于 " ，c）
```

文件运行后，结果如图5-10所示。

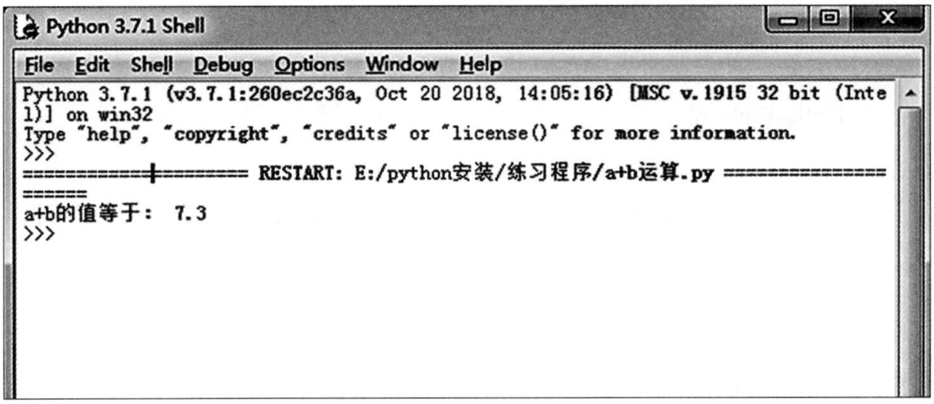

图5-10　加法程序运行结果

小贴士

通过上面程序运行结果，可以得出：

- 无论哪种运算，只要运算过程中包括浮点型数据，默认得到结果为浮点型数据。
- 引号括起来的数据是字符串，可以利用print命令直接打印显示出来。

任务3 运算符

Python的基本运算包括三类：算术运算、关系运算、逻辑运算。通过运算符可以将变量、常量、圆括号按一定规则组合在一起，构成表达式，在Python程序设计中，完成指定的计算过程或逻辑判断。

1 算术运算符

常用的算术运算符除了加（+）、减（–）、乘（*）、除（/）之外，还包括的内容如表5-5所示。

表 5-5　算术运算符

运算符	描述	示例说明
**	乘方运算	7**2的结果为49
//	取整运算	7//2的结果为3
%	取余运算	7%2的结果为1

算术运算符的运算是有优先顺序的，“**”最优先，其次是“*”“/”“//”“%”，最后是“+”“–”。

试一试

请根据算术运算符的优先级完成以下操作：

（1）完成下面表达式的运算。

33+9%2－5**2

105–105//100*100

（2）运行IDLE，在Python提示符下，验算上面表达式的值。

2 关系运算符

关系运算符返回一个布尔值，如果两个数据间的关系成立，返回值为真（True）；如果关系不成立，返回值为假（False）。常用的关系运算符如表5-6所示。

表 5-6　常用的关系运算符

运算符	描述	示例说明
>	大于	7>2的结果为True
<	小于	7<2的结果为False
>=	大于等于	7>=2的结果为True
<=	小于等于	7<=2的结果为False
==	等于	7==2的结果为False
!=	不等于	7!=2的结果为True
in	包含	“7” in “2” 的结果为False

试一试

请根据关系运算符的含义完成以下操作：

（1）写出下面关系运算表达式的结果：

（5+7）>11

"a" in "china"

（2）运行IDLE，在Python提示符下，验算上面表达式的值。

3 逻辑运算符

逻辑运算符用于描述复杂情况的判断，一般与关系运算符结合起来一起使用，逻辑运算包括“and”“or”“not”三种运算符，如表5-7所示。

表 5-7 逻辑运算符

运算符	描述	示例	说明
and	逻辑“与”运算	7>2 and 5<3的结果为False	当运算符两侧表达式的值都为真时，运算结果才为真，否则为假
or	逻辑“或”运算	7>2 or 5<3的结果为True	当运算符两侧表达式都为假时，运算结果才为假，否则为真
not	逻辑“非”运算	not 7>2的结果为False	如果运算符右侧表达式值为真，那么运算结果为假；否则取反运算结果为真

试一试

请完成下面操作：

运行IDLE，在Python提示符下，输入下面语句，查看结果，体会逻辑运算符的含义。

```
>>> 5>2 and 7<2
>>> 5<2 or 7<2
>>> not 5<2
```

任务4 函数

函数是指带名字的一段程序代码，用于完成特定功能。需要在程序中多次执行某函数定义的特定功能时，可以调用该函数，无须反复编写相同的程序代码。

Python常用的内置函数：

①print（x）：输出*x*的值。

②input（[prompt]）：获取用户的输入。

③int（object）：将字符串和数字转换成整型。

④float（object）：将字符串和数字转换成浮点型。

⑤abs（x）：返回*x*的绝对值。

⑥str（x）：将*x*转换成字字符串。

⑦round（x[，n]）：对*x*进行四舍五入，如给定*n*值，确定*x*返回值的小数点后有*n*位小数。

试一试

1．请写出下面程序返回的值。

```
a=–127
s=abs（a）
c=round（s/7，4）
print（s）
print（c）
```

2．运行IDLE，建立程序文件，并运行程序验证结果。

上面程序是求绝对值运算、四舍五入运算，其中abs( )、print( )等都是Python提供的默认函数，也称内置函数。用户也可以自定义函数，这部分内容将在后面介绍。

任务5 表达式

表达式是由变量、常量、函数、运算符、圆括号等按照一定规则组合在一起，用来描述数据的计算过程和条件判断。

1 表达式的书写规则

①表达式的书写是从左到右在同一个基准上完成。

②书写时乘号不能省略，例如，*a*乘以*b*应写为*a***b*。

③括号必须成对出现，而且只能使用圆括号，圆括号可以嵌套使用。

2 表达式中不同类别运算的优先级（表5–8），数字越小，优先级别越高。

表 5-8 运算优先级

运算符说明	Python 运算符	优先级
小括号	（ ）	1
乘方	**	2
符号运算符	+（正号）、–（负号）	3
乘除	*、/、//、%	4
加减	+、–	5
比较运算符	==、!=、>、>=、<、<=	6
in运算符	in、not in	7
逻辑非	not	8
逻辑与	and	9
逻辑或	or	10

试一试

1．计算下列表达式的运算结果：

```
a=4
b=3
c=（a+4）//3<4–1
print（c）
```

2．运行IDLE，在Python提示符下输入上面语句，验证你的计算结果。

任务6 注释

注释是使用自然语言在程序中添加说明，对程序中解决的问题进行大致的阐述，便于对程序的阅读和理解。Python程序中，注释用“#”标识，“#”后的内容会被作为注释，Python解释器会忽略“#”后的内容。

试一试

修改问候小程序并以文件方式保存。运行程序，查看添加注释后程序运行结果是否发生变化。

```
#向大家问好
print（ " Hello Python! " ）
```

实训项目四

选择结构程序

实训目的

- 掌握Python语言的选择结构语句的基本语法；
- 正确理解选择语句的结构流程图；
- 掌握不同选择结构语句的区别与用法；
- 能够利用选择结构语句设计简单程序。

实训内容

任务1 if语句

1 if语句的格式

```
if<条件表达式>：
    <语句组>
```

2 if语句流程图（图5-11）

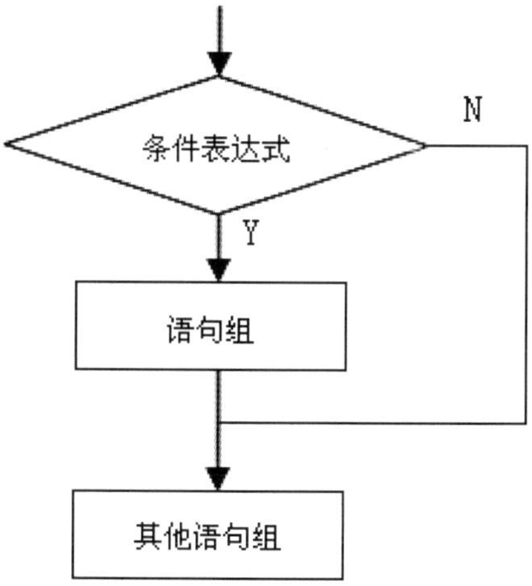

图5-11 if语句流程图

3 if语句功能

如果条件表达的值为真（True），执行语句组；如果条件表达式的值为假，则跳过语句组，转而执行其他语句组。

试一试

1．运行IDLE，输入程序代码，保存文件。

```
a=float（input（"输入数据a："））
b=float（input（"输入数值b："））
if a>b：
    print（a，"大于"，b）
```

2．运行程序，查看程序运行结果。

任务2 if-else语句

1 if-else语句的格式

```
if<条件表达>：
    <语句组1>
else：
    <语句组2>
```

2 if–else语句流程图（图5-12）

3 if–else语句功能

当条件表达式的值为真（True）时，执行语句组1中的语句；当条件表达式的值为假（False）时，执行语句组2中的语句。

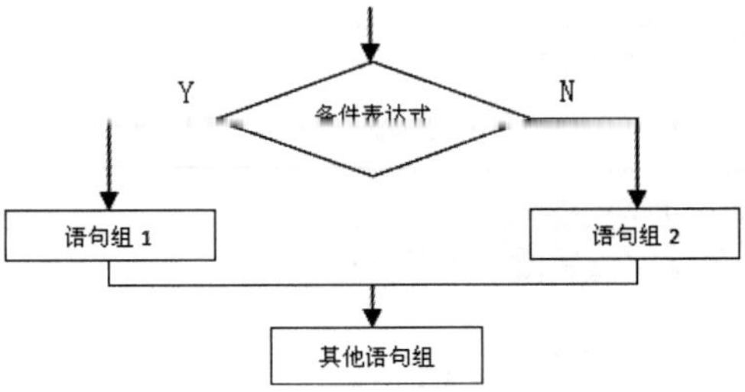

图5-12　if-else语句流程图

试一试

运行IDLE，输入程序代码，保存文件，完善上面实例程序：

```
a=float（input（"输入数据a："））
b=float（input（"输入数值b："））
if a>b：
    print（a，"大于"，b）
else：
    print（a，"小于等于"，b）
```

任务3 elif语句

1 elif语句的格式

```
if<条件表达式1>：
    <语句组1>
elif<条件表达式2>：
    <语句组2>
  …
elif<条件表达式n>：
    <语句组n>
else：
    <语句组n+1>
```

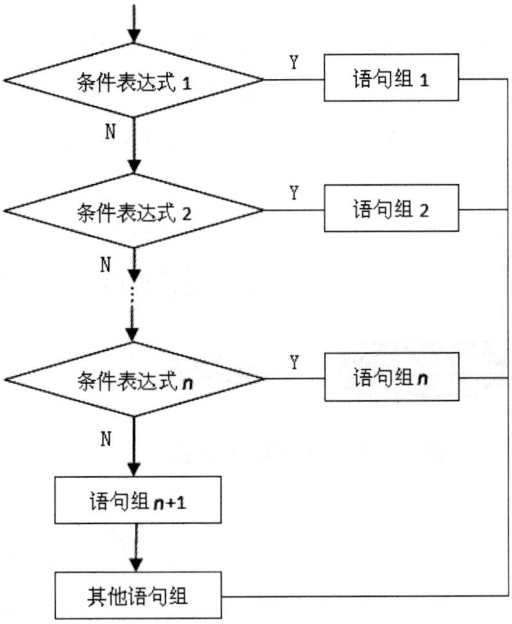

图5-13　elif语句流程图

2 elif语句流程图（图5-13）

3 elif语句功能

当条件表达式1的值为真（True）时，执行语句组1中的语句；当条件表达式1的值为假时，判断条件表达式2的值。当条件表达式2的值为真（True）时，执行语句组2；当条件表达值2的值为假（False）时，判断条件表达式3的值，以此类推，直至条件表达式n的值为假时，执行语句组n+1中的语句。

试一试

请运行IDLE，继续完善比较数字大小的程序：

```
a=float（input（"输入数值a："））
b=float（input（"输入数值b："））
if a>b：
    print（a，"大于"，b）
elif a<b：
    print（a，"小于"，b）
else：
    print（a，"等于"，b）
```

任务4 条件表达式

除了上述三种选择条件语句外，Python还提供了具有类似功能的条件表达式，语法格式如下：

<表达式1>if<条件表达式>else<表达式2>

表达式功能：当条件表达值为真（True）时，返回表达式1的值，否则返回表达式2的值。

试一试

请用条件表达式来改写上面比较数字大小的小程序。

```
a=float（input（"输入数据a："））
b=float（input（"输入数值b："））
s=str（a）+"大于"+str（b）if a>b else str（a）+"小于等于"+str（b）
print（s）
```

操作练习

普通高中学生报考飞行员需要年龄在16～19岁并且身高在170～185厘米，请编写程序，能够根据录入的年龄和身高，判断是否符合报考飞行员条件，并打印判断结果。

1．算法分析。

如果条件判断时同时满足年龄与身高两个条件，则打印“符合报考飞行员条件”，否则打印“不能报考飞行员”。

注意年龄在16～19岁、身高在170～185厘米以及两个条件必须满足，都需要用到逻辑运算符。

2. 飞行员报考条件程序流程图（图5-14）。

3. 编写程序。

```
age = int( input( " 请输入年龄： " ))
height = int( input( " 请输入身高： " ))
if age>=18 and age<=30 and height >=170 and height <= 185:
    print（ " 恭喜，你符合报考飞行员的条件 " ）
else:
    print（ " 抱歉，你不符合报考飞行员的条件 " ）
```

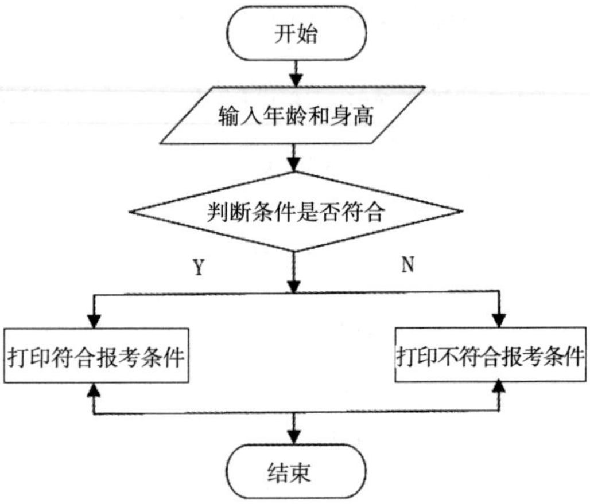

图5-14　飞行员报考条件程序流程图

4. 程序调试。运行IDLE，输入程序代码，保存文件并运行程序。

> **小贴士**　在输入程序代码时，要注意使用缩进功能，缩进通常使用4个字符，或使用一个制表符。

实训项目五

循环结构程序

实训目的

- 掌握Python语言的循环结构语句的基本语法格式；
- 正确理解循环结构语句的结构流程图；
- 掌握不同循环结构语句的区别与用法；
- 能够利用循环语句设计简单程序。

实训内容

日常生活中，常常出现需要反复做同一件事情的情况，称为循环。实现这种重复执行的任务可以利用循环结构的语句完成，Python语言的循环结构有两种语句：while语句和for语句。

任务1 while语句

在不知道一个循环执行的次数时，可以使用while语句来实现循环。

1 while语句的格式

```
while <条件表达式>:
    <循环体>
```

2 while语句流程图（图5-15）

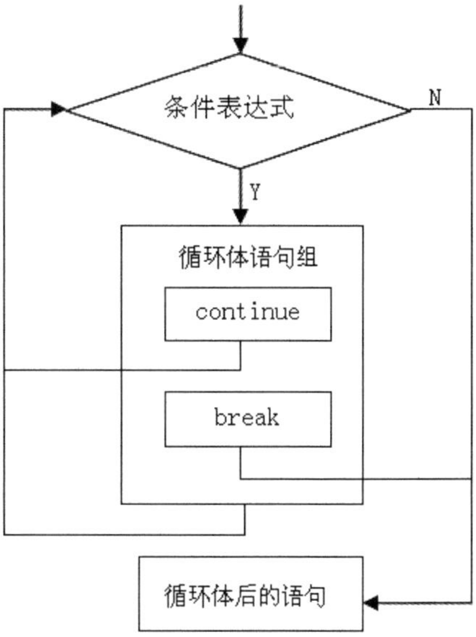

图5-15 while语句流程图

3 while语句功能

while循环在执行时，首先会判断条件表达式的值，当条件表达式的值为真时，执行一次循环体语句组，再次判断条件表达的值是否为真，如果仍为真，那么再次执行循环体语句组，以此类推，直到判断条件表达式值为假时，退出while语句，执行while循环后面的语句。

说明：如在执行循环体遇到break语句，则不再执行循环中余下的语句，退出循环，执行循环体后面的语句；如在循环体中遇到continue语句，则返回循环开头，根据条件表达式结果决定是否执行循环体。

试一试

运行IDLE，输入程序代码，保存文件，并调试程序。

（1）打印数字1～10。

```
a=1
while a<=10:
    print（a）
    a+=1
```

（2）将上面的程序做简单修改，打印1～10的奇数。

```
a=0
while a<10:
    a+=1
    if a%2==0: #a做取模运算，如果运算结果为0，表示余数为0，该数是偶数。
        continue
    print（a）
```

（3）利用break语句修改上面的程序，输出奇数9、7、5、3。

```
a=11
while a>0:
    a-=1
    if a%2!=0:
        print(a)
    if a==2:          #当变量值为2时，退出循环
        break
```

小贴士

- 在a+=1语句中，赋值运算符“+=”是简写，多用于变量自身变化，相当于a=a+1。
- “==”为关系运算符，表示等于，返回值为True或者False。

任务2 for语句

对于已知次数的循环任务，可以使用for语句来完成。

1 for语句的格式

```
for  <变量> in  <序列>:
    <循环体>
[else:
    <语句组>]
```

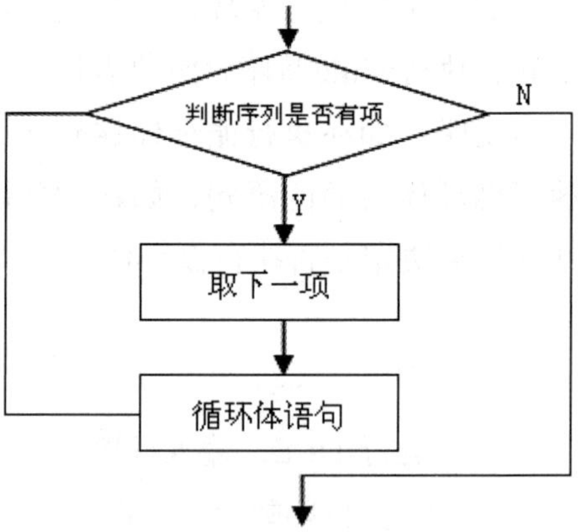

图5-16　for语句流程图

2 for语句流程图（图5-16）

3 for语句功能

for语句通过遍历序列中的元素实现重复执行循环，序列中的元素会被依次赋值给变量，赋值后会执行一次循环体中的语句组。当序列中的元素全部遍历结束时，程序会自动退出循环，继续执行else子句中的语句组。若循环体中有break语句，执行break后则程序直接退出for循环语句，转而去执行for语句后面的语句。即使有else子句，也不会执行。

说明：else子句是可选项。

试一试

运行IDLE，建立文件，输入程序代码，保存文件。

（1）计算1～10的和

```
s=0
```

```
for i in range（1，11）：
    s+=i
print（s）
```

（2）请试着用for语句，改写打印1～10中所有奇数的程序。

```
for i in range（1，11）：
    if i%2!=0：
        print（i）
```

（3）请使用break语句修改程序，只打印1～10中的奇数9，7，5，3。

```
for i in range（10，0，-1）：
    if i%2!=0：
        print（i）
    if i==2：      #循环遍历至i值为2时，退出循环，执行for循环后面的语句。
        break
print（“打印结束”）
```

操作练习

请打印一个乘法口诀表。

1．分析问题。乘法口诀表行列都是从1至9，设置两个变量，一个代表行，一个代表列，设置两重循环。外循环由行变量控制，内循环的次数由行变量的值决定，即每行打印几列由行变量的值控制。行从1开始，设置外循环执行9次，比如：当打印第一行时，行变量值为1，列变量值为1，内循环执行1次，打印九九乘法表第一行算式；当行变量为2时，内循环执行2次，打印2行算式，以此类推，直至外循环执行9次。

2．乘法口诀表程序流程图。根据问题分析，程序流程图如图5-17所示。

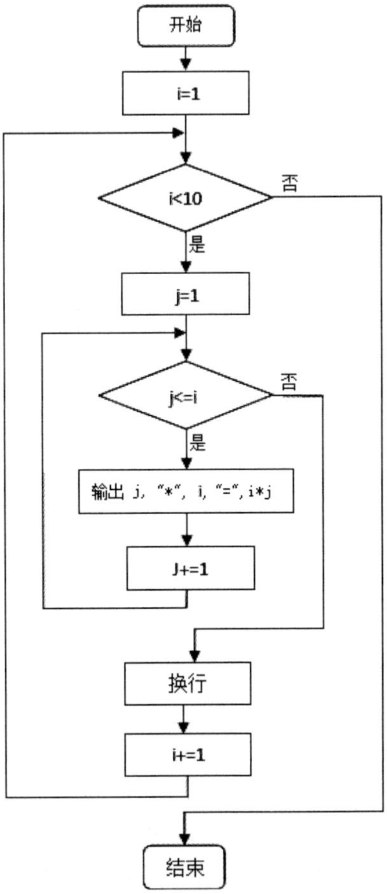

图5-17　乘法口诀表程序流程图

3．编写程序示例。

```
i=1
while i<10：
    j=1
    while j<=i：
        print（j，"*"，i，"="，i*j，"  "，
end=" "）
```

```
        j+=1
    print（"  "）
    i+=1
```

4．调试程序，查看运行结果。

实训项目六

自定义函数

实训目的

- 掌握定义函数的语法格式；
- 正确理解Python语言中函数的调用；
- 能够运用定义函数语法构造一个函数解决问题。

实训内容

在程序设计中，如需要反复执行同一任务时，无须反复去编写完成该任务的相同程序代码，可以将这些代码封装到一个代码块中，这个代码块就是函数。在程序需要执行该任务时，可以直接调用执行该函数。

任务1 定义函数

Python有许多内置函数，但在实际程序设计中，有些功能内置函数无法完成，所以有些时候可以根据实际情况需要自己定义一个函数。

1 定义函数的格式

```
def  函数名（[参数列表]）：
     <函数体>
     [return函数值]
```

说明：函数名的命名规则和变量名相同，参数为可选项，如有多个参数，用“,”间隔；如无返回值，return语句可省略。

2 功能

使用关键字def来定义一个函数，函数体中的语句组来描述函数要完成的任务，在程序中通过调用函数名来执行自定义函数完成任务。

试一试

运行IDLE，建立新文件，输入程序代码，完成下面自定义函数。

1．定义函数say_hello（ ）

def say_hello（ ）:

    print（ " Hello " ）

2．定义函数say_hello1（yourname）

def say_hello1（yourname）:

    print（ " hello " ， yourname）

小贴士 两个自定义函数中，一个没有参数，一个增加了参数，say_hello1在调用时，需要在括号中给出参数值。

任务2 自定义函数的调用

①自定义函数在调用时，与内置函数调用相同，调用时可以直接使用函数名，如果需要参数，可以给出相应参数值。

例如调用上面的函数：

say_hello（ ）

say_hello1（"王立"）

②打开自定义函数的文件，补充调用函数的语句，并保存文件，如图5-18所示。

③调试运行程序，查看程序运行结果。

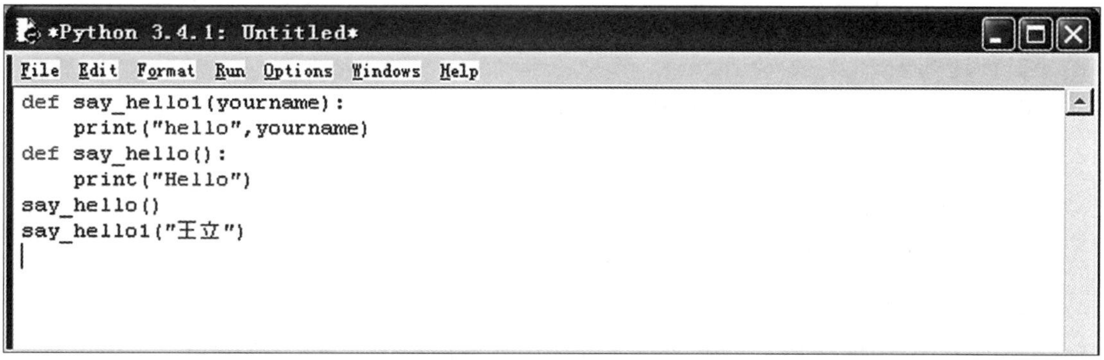

图5-18 调用自定义函数程序

操作练习

请自行定义求梯形面积的函数，并调用函数来计算梯形面积。

程序代码示例如下：

```
def trapezoid_s（a，b，h）：
    s=（a+b）*h/2
    return s
t=trapezoid_s（4，6，5）
print（ " 梯形面积为： " ，t）
```

实训项目七

简单算法及程序实现

实训目的

- 掌握简单算法的程序设计语言的描述；
- 正确理解不同程序结构解决的问题；
- 能够综合运用Python语言编程解决简单问题。

实训内容

任务1 列表

1 列表

列表是由一系列按特定顺序排列的元素组成的，各元素之间用“,”分隔。列表是Python数据结构中的一种。

2 创建列表

①创建列可以使用“[ ]”将列表元素括起来。

例如：a=[12，5，3，46]

aa=["rose"，"jasmine"，"tulip"]

②创建空列表可以直接用“[ ]”表示。

例如：aaa=[ ]

3 列表索引由0开始，引用列表最后一个元素可以用“−1”来表示。

①a=[12，5，3，46]，要访问第二个、第四个元素，可以采用以下方式：

print（a[1]，a[3]）

②如果访问最后一个元素，即第四个元素，也可以直接用“–1”来标注。

print（a[–1]）

4 修改、添加和删除元素

以列表a=[12，5，3，46]为例：

（1）修改列表

可指定列表名和需要修改的元素索引，赋给该元素新值。

如：a[2]=17

则第3个元素重新赋值为17。

（2）添加元素

①在列表末尾添加元素，append（ ）方法。

如：a.append（25）

则在列表末尾添加元素25。

②在列表中任意位置插入元素，insert（ ）方法。

如：a.insert（0，32）

则在第一个位置添加元素32。

（3）删除元素

①方法del（ ）：删除列表指定位置的元素。

如：del a[1]

则删除第二个位置上的元素。

②方法pop（ ）：该方法可以删除列表中的元素，并可以使用它的值。

删除列表末尾的元素：如c=a.pop（ ）

删除列表任意位置的元素：如d=a.pop（0）

③方法remove（ ）：如果只知道元素的值，而不知道元素的位置，可以使用remove（ ）删除元素。如：a.remove（12）

则删除由左至右第一个值为12的元素。

试一试

运行IDLE，建立文件，输入代码，保存文件，并调试运行程序，体会列表添加与删除命令。

```
a=[12，2，3，45]
a.insert（0，32）
a.append（25）
print（a[1]，a[4]）
del a[4]
d=a.pop（0）
```

```
print（a）
print（d）
```

任务2 排序算法

1 排序程序思路

排序有很多种方法，选择排序的思路如下：列表中需要排序的元素个数，决定排序的次数。如升序排序，首次排序从所有元素中选出最小元素，放在列表首位。以后每次排序都选出数字最小的那个元素，放在已经排出顺序的元素后面，直至全部数据排序完成。

操作方法：取第一个数，依次与后面的元素对比，得出最小的数，之后用相同的方法选出第二个数，以此类推，重复之前的操作，直至排序完成。

2 排序程序流程图

设排序列表为list，流程图如图5-19所示。

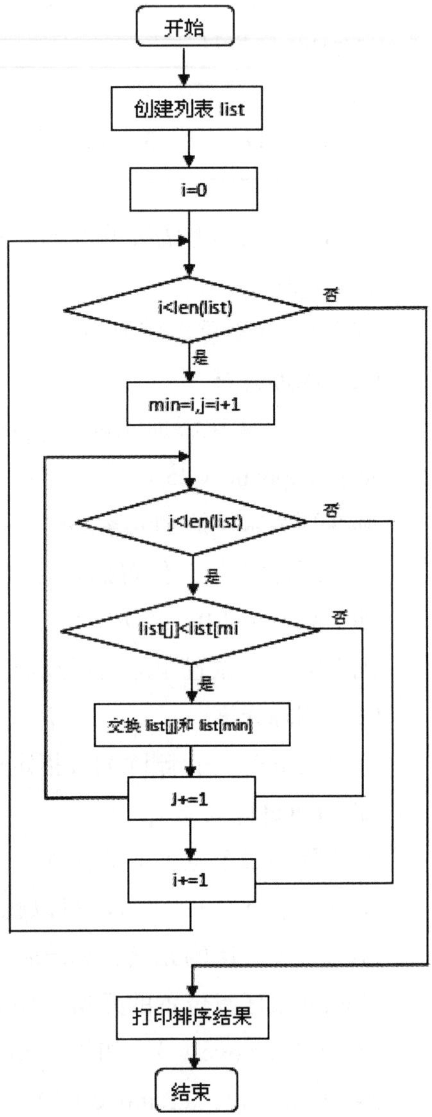

图5-19 排序程序流程图

3 编写程序示例

```
list=[8，7，2，9，4，1]
for i in range（len（list）–1）:
    min=i
    for j in range（i+1，len（list））:
        if list[j]<list[min]:
            list[j]，list[min]=list[min]，list[j]
print（list）
```

4 运行IDLE，新建文件输入代码，并调试程序

小贴士

- len（ ）函数的功能是返回对象的长度，参数可以是字符串、列表、元组或字典等。
- 程序中注意print语句的缩进位置。

任务3 枚举算法

枚举算法就是将所有可能一一列举，判断每一种可能成为问题正确的解的可能性。枚举案例很多，求解任意一个数字有多少因数就是其中一种。

1 枚举程序思路

当一个数被另一个数整除，后者即是前者的因数。求某一个数的所有因数，假设这个数为a，可以枚举1至$a-1$的所有整数，验证a是否能被所有这个范围内的数整除。如果范围内的某个数，a能被其整除，这个数就是a的因数。

2 编写程序示例

```
a=int（input（"输入整数a："））
i=1
while i<=a-1：
    if a%i==0：
        print（i）
    i+=1
```

3 运行IDLE，新建文件输入程序代码，并调试程序

操作练习

学习了Python语言的基本语法，请同学们尝试编程打印下列三角形图案。三角形图案的行数可以通过键盘随机输入。

```
    *
   ***
  *****
 *******
*********
```

编写程序示例：

```
a=int（input（"输入行数："））
for i in range（a）：
    for j in range（0，a-i）：
        print（end=" "）
    for k in range（1+i*2）：
        print（"*"，end=" "）
    print（ ）
```

第六单元

数字媒体技术应用

- 实训项目一　认识数字媒体技术
- 实训项目二　制作简单的数字媒体作品
- 实训项目三　设计演示文稿
- 实训项目四　初识虚拟现实与增强现实

实训项目一

认识数字媒体技术

实训目的

- 了解数字媒体技术的概念及特点；
- 了解数据媒体文件类型、格式及特点；
- 掌握获取常见数字媒体素材的方法，能够进行数字媒体类型的转换。

实训内容

任务1 认识数字媒体技术

数字媒体技术是包含了计算机技术、通信技术和信息处理技术、媒介与艺术设计的综合应用技术，它涉及声音、文字、图形、图像、视频、动画等诸多媒体，在游戏、影视动画、互联网、互动娱乐等方面发展迅速，在教育、医疗及电子商务方面也有广泛的应用。数字媒体技术的主要特点为数据化、交互性、集成性和文化艺术性。

操作练习

1. 请根据描述，填入数据媒体技术的特点。

（1）______：即将文字、图像、声音、动画、视频等信息都转化为数字信号，各种媒体信息都是以二进制形式来存储，实现传播的高精度和大数量。

（2）______：数字媒体技术在应用中，受众不再是单向、被动地接受信息，而转变为主动获取信息，实现人机交互。人们不但能看到媒体信息，还能处理和反馈信息给机器，产生深度的双向互动。

（3）______：一方面是媒体信息的集成，即文字、图像、声音、动画等信息借助于数字化处理技术形成集成应用；另一个方面是显示的媒体设备的集成性，数字媒体技术应用了多种软件技术及硬件技术，借助于多种渠道进行传播。

（4）______：数字媒体技术融入了诸多社会文化与艺术行业，通过数字媒体技术，将不同领域的知识、文化、艺术融合在一起，在表现形式上呈现出数字技术与文化艺术相结合的状态。

2. 如今一些大型博物馆、大学、旅游景点都会做线上展馆，利用数字技术将文化资源与名胜古迹展示出来，从而打破时空与地域限制。

请打开四川博物院的线上展馆，去体验一下蜀地文明吧，如图6-1所示。

任务2 数字媒体素材

图6-1 四川博物院网上展馆

1 文字

文字素材可以通过键盘录入、手写、语音识别、扫描等方式输入，录入的文字可以进行字体、字号、颜色设置等文本编辑。

2 图像

图像可以由光学设备获取，也可以手工绘制。数字图像包括位图和矢量图。

①位图：又称为点阵图或栅格图，把图像分解成一个一个大小相同的点，这些点称为像素，是组成位图的基本单位。图像进行缩放和旋转等操作时会失真。

②矢量图：矢量图是根据几何特性绘制的图形，由可重构图像指令构成。矢量图在图像处理软件中可以任意放大，不会影响清晰度，并且文件占用的空间也比位图要小。

3 音频

在数字媒体中，音频包括音乐、语音和各种存储在计算机中的音响效果。音频的获取可以通过设备录制、软件制作、网络下载等方法来完成。

4 视频

视频通常指各种动态影像，通过采集、数字化处理后存储在计算机中。可以利用设备拍摄、录屏、网络下载、软件制作等方式获取各类视频。

5 动画

动画是利用人的视觉暂留原理，将静态的图像进行连续的播放，形成动态效果，具有较高的真实感。

操作练习

1. 请通过网络浏览，在表6-1填入数字媒体的种类及常见文件类型。

表 6-1 数字媒体的种类及常见文件类型

数字媒体的种类	常见的文件类型

2. 打开“右糖动画制作”免费动画制作网站，选择校园生活主题，制作一个动画短片。

①输入网址，打开网站选择“动画制作”选项，如图6-2所示。

②进入动画制作页面后，选择适当的模板，如单击教育培训中的“校园课堂生活”，选择“立即制作”，进入制作页面，如图6-3所示。按照页面提示添加素材、输入文字、更改音乐，完成动画短片的制作。

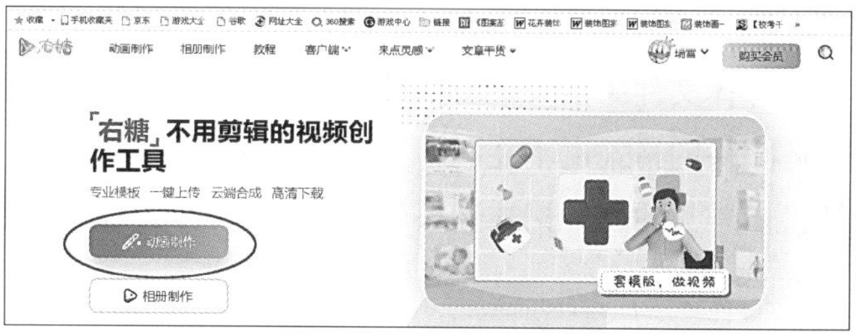

图6-2 右糖网站界面

图6-3 选择动画制作模板

任务3 了解数字媒体技术原理

数字媒体技术主要研究内容包括数字媒体信息的获取、处理、存储、管理、传播、输出、安全等相关理论方法、技术与系统，其中核心内容是数字媒体信息的采集与数字化。

1 信息化采集

信息可以用模拟信息或数字信息来表达。自然界中的信息大多是模拟量，这些信息要存储在计算机中，需要通过专业设备进行采集，比如传感器。

操作练习

人们使用的智能手机中就用到了传感器，请通过阅读或网络浏览，说一说手机借助于这些传感器可以获取哪些数字媒体信息？

2 数据压缩技术

数字化处理后的信息数据量很大，会占据大量的存储空间。在实际应用中，为了方便传输与加工使用，需要对数据进行压缩。数据压缩方式分为无损压缩和有损压缩。

①无损压缩：是对数据中相同的、相似的数据归类，对其存储方式进行优化。文件压缩后可以还原，不会影响文件内容，但无损压缩的压缩比例一般比较低。

②有损压缩。有损压缩是对文件本身的改变，它允许在压缩过程中损失一部分信息，因而压缩比例较高，但相应的图像质量会下降，且有损压缩后的文件是不能复原的，但损失的部分相对于原始文件的声音或影像影响较小。

3 文件格式的转换

媒体文件的格式种类很多，不同的电子设备会对媒体文件的格式有不同要求。而一种媒体文件的格式也不能同时适用于多种电子设备。因此，需要将媒体文件进行不同格式的转换。常见的文件格式转换软件有暴风转码、视频剪辑大师、格式工厂等。

操作练习

通过学习，已知图像、视频、音频等文件有不同的格式，不同的软件支持的文件格式各不相同，可以借助于一些软件进行格式转换。现在我们就来完成一个小任务，将用手机拍摄的MP4格式的小视频转换为AVI或WMV格式。

1. 转换视频文件格式。

①运行“格式工厂”软件，进入软件主页面。

②选择主页面视频窗口，单击“AVI、FLV、MOV Etc…”按钮（因版本不同，页面按钮设置略有区别），选择转换后的视频格式，进入视频转换页面，如图6-4所示。

③在视频转换页面，选择“添加文件”添加需要转换的视频文件；左上角输出格式选择需要输出的格式，如选择“AVI”格式；左侧下方单击文件夹图标可以修改文件输出位置；右侧“输出配置”按钮可以更改输出视频的配置参数。设置好后，单击“确定”按钮，如图6-5所示。

④返回主界面，单击“开始”按钮，进行文件转换。在视频转换页面，可以看到视频转换的进度，如图6-6所示。转换结束后，显示“完成”，在输出文件夹可以看到完成转换后的文件。

2. 转换音频文件格式。选择你喜欢的一首歌曲，将其由MP3格式转换为WMA格式。

单击主界面中的“音频”，选择要转换为的文件格式，如“WMA”格式，单击对应按钮，进入到音频转换页面，其他操作与视频转换基本相同。

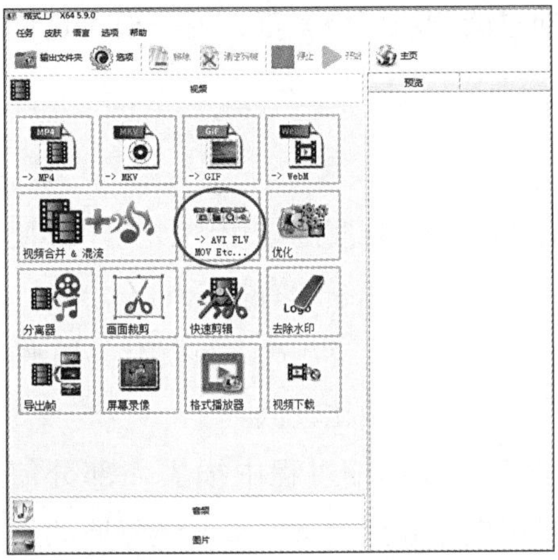

图6-4 格式工厂主页面

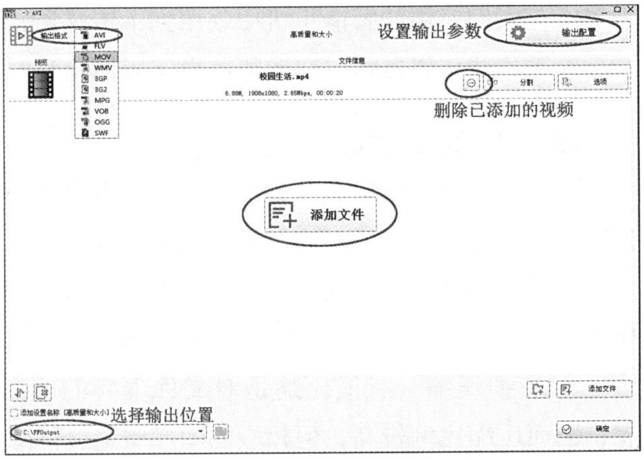

图6-5 视频转换页面

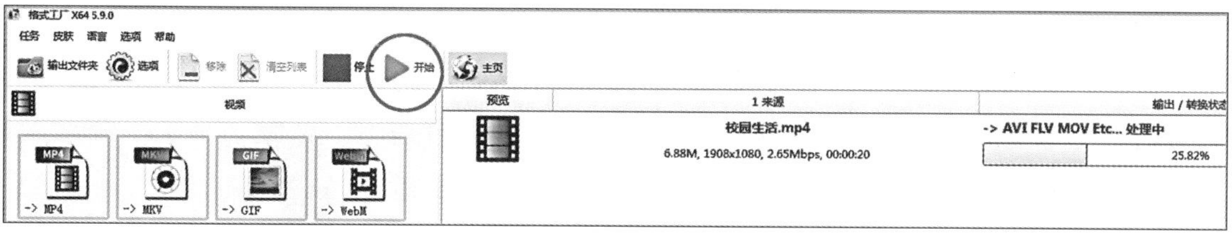

图6-6　视频转换进度

拓展训练

格式工厂软件不仅能转换音频和视频，还可以进行图片、文档格式的转换。

（1）选择一张“JPEG”格式的照片，将其转换为“PNG”格式。

（2）任选自己练习中使用的一个Word文档，将其转换为“PDF”格式的文件。

实训项目二　制作简单的数字媒体作品

实训目的

- 了解图像处理的基础知识，并能够利用软件处理图像；
- 了解动画的相关原理，并能够用软件制作简单的动画；
- 了解视频制作的基本流程，并能够利用适合的软件制作视频。

实训内容

任务1　处理图像

图像是对自然界中客观对象的描述或写真，是生活中最常见的信息载体。图像处理通常包括图像的获取、图像的绘制、图像的编辑、图像的裁剪、图像的合成等操作。常见的专业图像处理软件有Photoshop、CorelDraw、Illustrator等，日常人们可以使用美图秀秀、Snapseed、黄油相机等软件完成图像处理。

1　构图

构图是指根据题材和主题，将画面中各个形象适当地组织起来，使画面协调、完整。构图要求在画面处理中，突出主体形象，次要形象要能够烘托主体形象，使画面动静相宜，结构均衡。常见的构图方法有黄金分割法、三分法和均衡法等。

2 色彩

自然界中存在着丰富的色彩，色彩是光刺激眼睛再传到大脑的视觉中枢而产生的一种感觉。在图像处理中，彩色是一个重要的因素。彩色分为有彩色和无彩色，无彩色是指黑、白、灰。色彩的三原色是红、黄、蓝，通过三原色的调和，可以形成其他色彩。色相环中相对180度的色彩为互补色，色彩对比强烈；色相环中相邻较近的色彩，颜色相近，相邻越远，差别越大，对比效果越强，如图6-7所示。

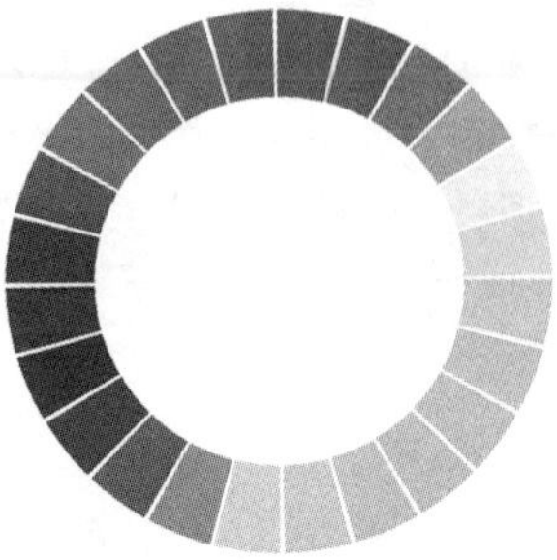

图6-7 24色色相环

操作练习

1. 下面有三组图片，请根据图片上线条的标注，分别说出它们构图方法的名称，并通过网络浏览搜索和阅读教材，对三种构图方法（图6-8、图6-9、图6-10）进行简单描述。

图6-8 构图方法1

图6-9 构图方法2

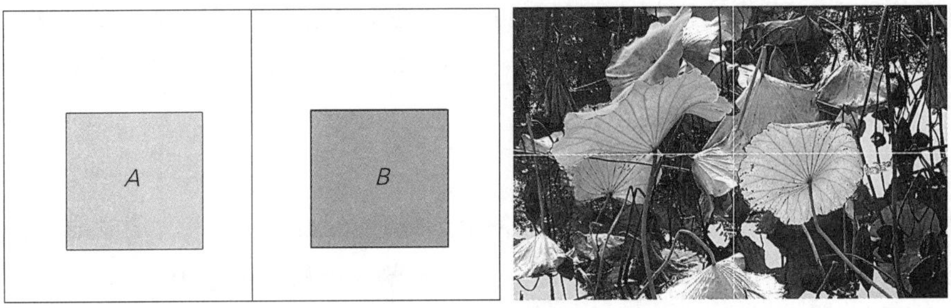

图6-10 构图方法3

2. 为保障校园安全，学校要求同学们必须佩戴胸卡出入校园。请使用美图秀秀软件，为班级的同学们设计一个胸卡。胸卡上需要有学生的照片、姓名、班级、学校名称等信息。

运行美图秀秀软件，按下列步骤完成胸卡的制作：

（1）抠图。

①选择“抠图”选项卡，打开图片。选择自动抠图，如图6-11所示。

图6-11　抠图界面

②按照自动抠图界面提示，在照片需要抠图区域划线后，选择下方“应用效果”，如图6-12所示。

③点击右上角“保存”命令，如图6-13所示，保存背景为透明的人像，照片命名为“头像.png”。

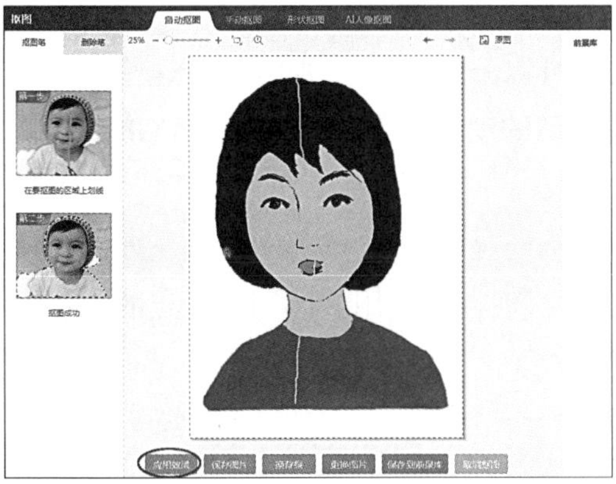

图6-12　应用自动抠图

图6-13　抠图效果

（2）制作胸卡。

①选择“新建”命令，设置画面大小为宽10厘米、高6厘米。选择背景色“渐变”中第一列最后一行的渐变色进行设置，如图6-14所示。

②在画布上右击鼠标，在快捷菜单中选择“插入一张图片”命令，将文件“头像.png”插入到画布，并调整大小。选择“输入文字”，将相关信息输入到画布，并设置字体格式。完成后点击右侧“保存”命令，命名并保存胸卡文件，如图6-15所示。

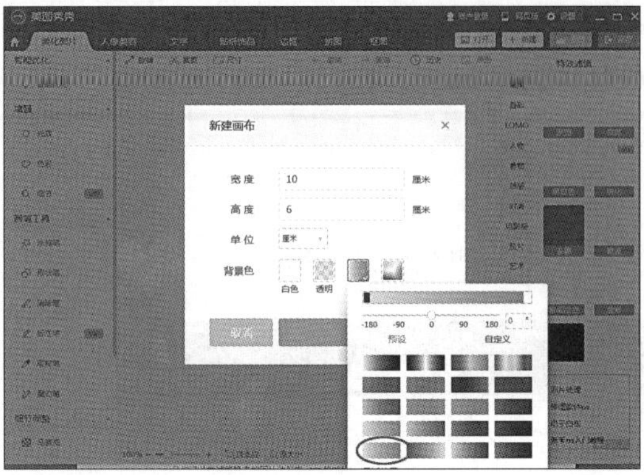

图6-14　新建画布

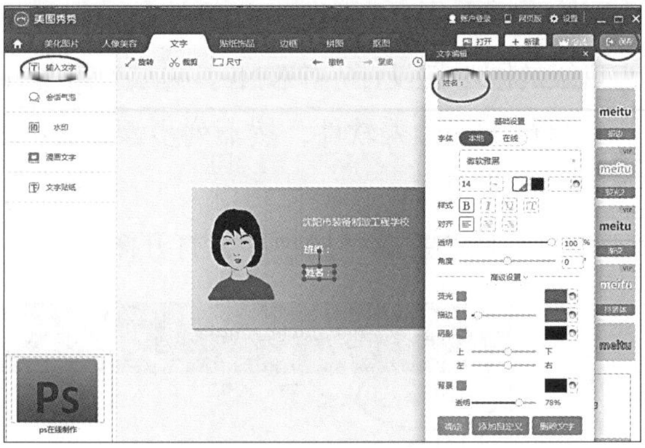

图6-15　制作胸卡

任务2　制作动画

平时人们使用计算机制作的动画多分为二维动画和三维动画。常用的二维动画制作的软件有Flash、FlipaClip、Animate等，三维动画制作软件有Maya、3ds Max等。

1 计算机动画

当每秒播放24张画面时，人们就会看到流畅的动画画面，这就是典型的二维平面动画的效果。三维动画是采用计算机技术生成的一系列动态连续的画面，制作过程比较复杂，一般包括建模、贴图、绘制动画、绘制灯光、渲染输出、后期合成等过程。

2 GIF闪图

我们可以尝试将静态的图片动起来，GIF格式的一个特殊功能是可以创建动画图像。GIF并不是真正的视频，它也是位图文件。GIF文件可以一次保存多张图片，这些图片按顺序加载显示在屏幕上，就产生了动画效果。利用专门的动画制作工具可以制作GIF闪图。

操作练习

校园应该是每个人学习生活流连最多的地方，现在就利用校园同一地点的一年四季的照片，做一幅闪图，记录校园的美好时光。

1．收集校园风景照片（图6-16）。

春　夏　秋　冬

图6-16　素材照片

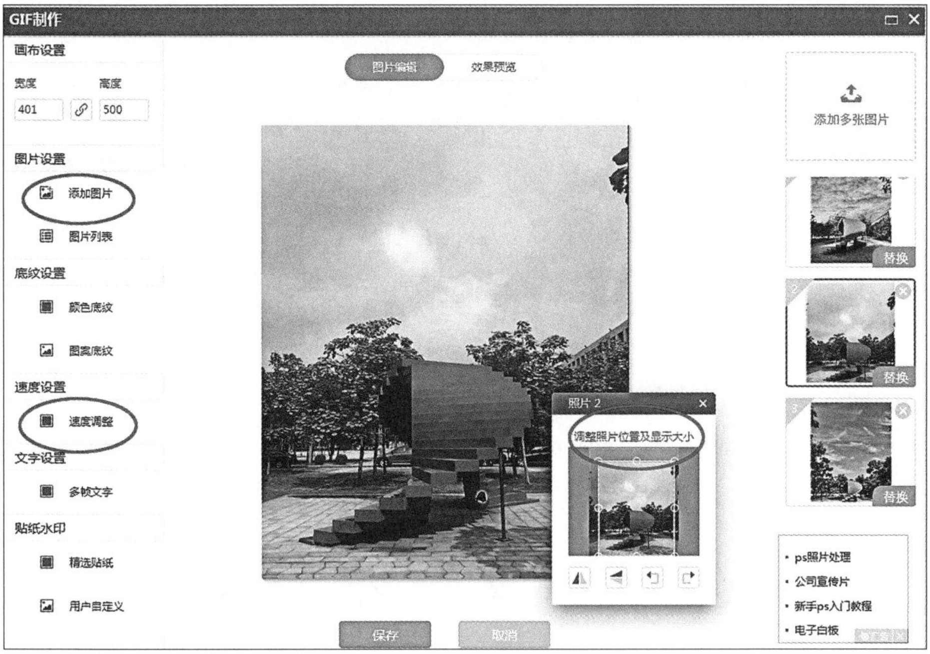

图6-17　制作GIF界面

2．制作闪图。

①打开美图秀秀软件，点击“GIF制作”。

②在制作闪图的页面中，选择“添加图片”，依次添加校园四季风景的图片。选中图片后，可以在小窗口调整图案位置及大小，并选择“速度调整”，设置闪图中图片的显示速度，如图6-17所示。

③设置完成后选择下方的“保存”按钮，将文件命名为“校园四季.gif”，并保存文件。

任务3　制作短视频

1　短视频制作流程

（1）创意脚本

根据视频的拍摄对象和用途提出选题和拍摄思路，并将具体内容表达出来，制定视频创作的整个流程，包括拍摄提纲、景别、分镜头、构图、文字内容等。

（2）拍摄素材

根据脚本去拍摄不同的镜头，按不同情节安排准备器材和道具。制作短视频，可以不用专业设备，用手机、手持云台等设备进行拍摄即可。

（3）视频剪辑

视频素材拍摄完成后，要根据脚本内容进行视频剪辑，可以配以旁白和音乐，加入适当的特效。

操作练习

请上网浏览查询常用的视频剪辑软件，并了解它们的功能，为之后的视频剪辑工作做准备。常见的视频剪辑软件有剪映、爱剪辑、会声会影等，如图6-18所示，选择合适的软件后，可下载安装，并了解软件功能。

图6-18 视频剪辑软件

2 视频剪辑基础知识

（1）景别

景别是指摄像机与被摄对象的距离不同，形成被摄对象在画面中所占比例不同，大小不同，营造出不同的画面。景别分为远景、全景、中景、近景和特写。

（2）摄影运动技巧

即镜头运动的方式，镜头运动有推、拉、摇、平移，此外，还有上升、下降、倾斜、旋转等运用方式。

（3）景别衔接

视频作品是通过一系列镜头依次组接进行叙事的。在剪辑过程中，镜头的组接也要考虑景别，景别组接包括逐步式和跳跃式两种。前一种是由远及近或由近及远渐近式的，跳跃式的景别差别较大。

操作练习

1. 请根据你对景别的理解，将下面四幅图（图6-19）的景别分别写在括号内。

图6-19 景别

2. 使用“剪映”视频编辑软件制作校园风光短视频。用制作好的“校园四季.gif”闪图作为片头，将自己课余时间用手机拍摄的校园风景视频作为素材，制作一个视频短片。

①打开“剪映”软件，选择“开始创作”，进入视频编辑界面。

②单击“导入”命令，将准备好的素材“校园四季.gif”和拍摄好的校园风景视频添加到素材库。

③将鼠标移动到素材右下角，出现“+”标记，单击标记将素材添加到轨道，如图6-20所示。

④在闪图和视频之间可以加入转场效果。点击两段视频间的白色图标，点击“转场”菜单，选择一个适合的转场效果，点击“+”添加。

⑤用“校园四季.gif”作为片头，单击“文本”菜单，在文本界面左侧可以选择文本样式，在右侧文本编辑框内输入标题“美丽的校园”。可以拖动文本轨道中文本图标的长度来控制文字标题显示时间的长短，如图6-21所示。

⑥单击“音频”菜单，在下面的音频列表中选择适合的音乐添加到轨道，如图6-22所示。

⑦如果音频的长度大于视频长度，可以使用“分割”按钮将音频分割，单击选中剩余音频，将其删除，如图6-23所示。

⑧视频处理完成后，点击右上角“导出”命令，在导出对话框中选择导出位置、视频输出参数，点击“导出”按钮，如图6-24所示。这样，一个小视频作品就完成了。

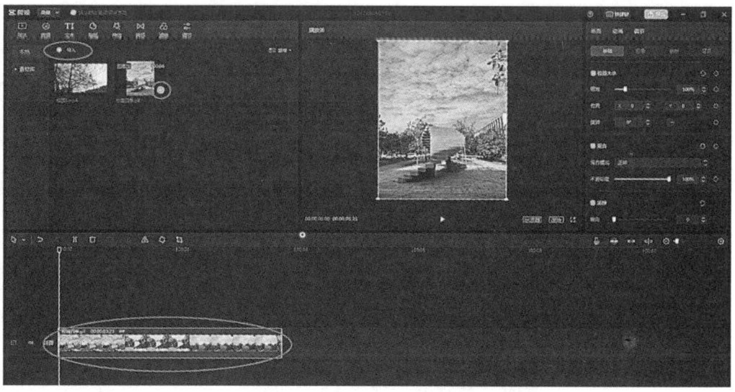

图6-20　添加视频素材

图6-21　添加文字

图6-22　添加音频

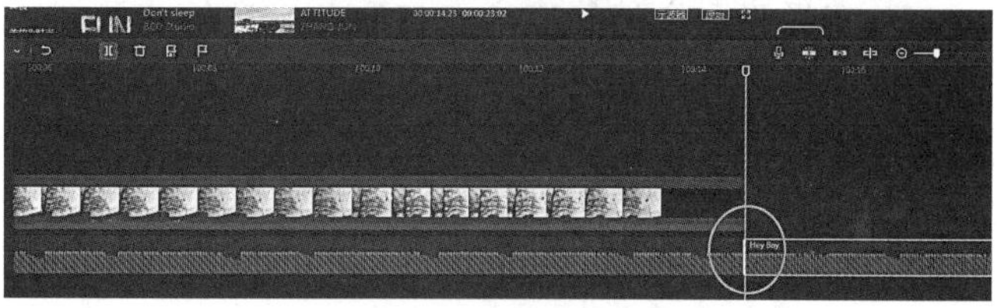

图6-23　删除部分音频

图6-24 导出视频

拓展训练

班级每个月都会举行一次不同主题的班会，请完成下面两个小任务，记录自己的校园生活。

1. 用手机拍摄班级同学的日常学习生活照片，按照班会主题，利用美图秀秀制作主题班会海报。

2. 用手机录制班会各环节的视频作为视频素材，拍摄校园的风景照片作为图片素材。在每次班会结束后，利用风景照片作为片头，制作主题班会短视频，并分享给同学们，作为校园生活的美好记忆。

实训项目三 设计演示文稿

实训目的

- 掌握演示文稿的建立、打开与保存的方法；
- 掌握演示文稿的视图、模板及主题的应用；
- 掌握演示文稿的幻灯片切换与动画设计；
- 掌握演示文稿的超链接与动作按钮的制作以及幻灯片的放映方法。

实训内容

任务1 认识PowerPoint 2010

1 启动PowerPoint 2010

①选择“开始”菜单，在“Microsoft Office”中，单击PowerPoint 2010，即可执行。

②双击桌面快捷方式PowerPoint 2010图标启动PowerPoint 2010。

2 新建PowerPoint 2010文件

①启 动PowerPoint 2010后，会自动创建一个新文件，文件名为“演示文稿1.pptx”，左侧视图窗口会创建一页幻灯片，如图6-25所示。

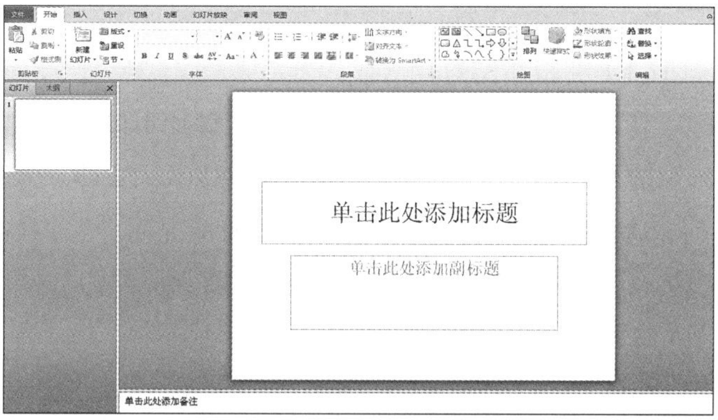

图6-25　演示文稿工作界面

②使用“文件”选项卡中的“新建”命令，也可以建立一个PowerPoint 2010新演示文稿。

单击“新建”按钮后，可以选择“空白演示文稿”，单击右侧“创建”命令即可，如图6-26所示。

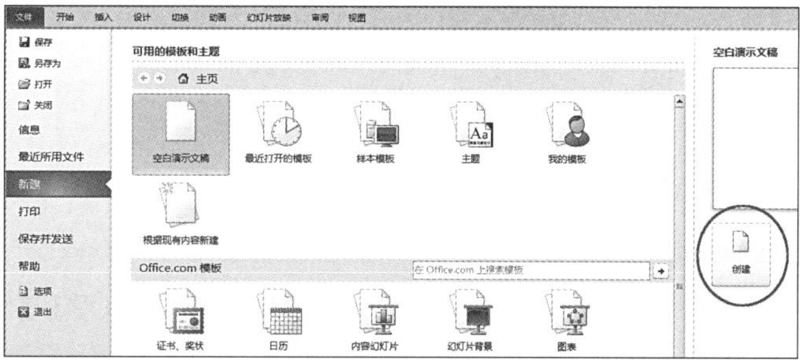

图6-26　新建演示文稿

3 编辑演示文稿

（1）输入文本

建立一个新演示文稿后，在第一张幻灯片的“单击此处添加标题”处，输入“自我介绍”，在下面副标题处，输入“姓名：李丽”。

（2）设置字体

单击“开始”选项卡，将标题内容设置字体为“隶书”，字号60，颜色为“深蓝”；副标题设置字体为“黑体”，字号32，颜色为“黑色”，如图6-27所示。

图6-27　输入幻灯片标题

（3）插入新幻灯片

如果要添加新的幻灯片，可以将光标放在上一张幻灯片后面，单击鼠标，在快捷菜单中单击“新建幻灯片”即可，如图6-28所示。

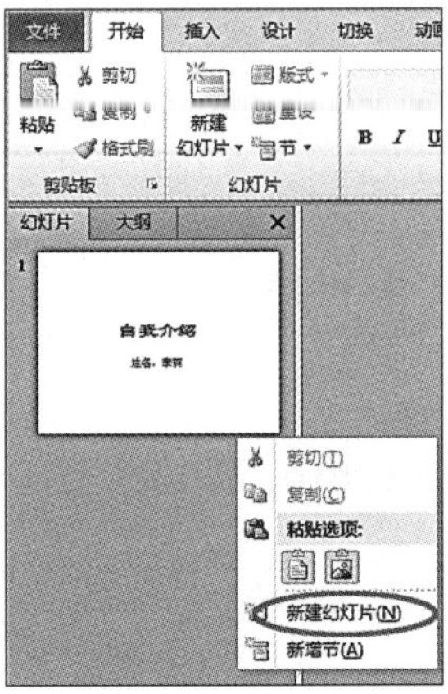

图6-28　插入新幻灯片

小贴士

添加新幻灯片的其他方法：

● 将光标放在上一张幻灯片的末尾，按Enter键，可新建一张幻灯片。

● 选中一张幻灯片，右击鼠标，在快捷菜单中选择执行“新建幻灯片”命令。

● 单击“开始”选项卡，单击“新建幻灯片”按钮创建幻灯片，如图6-29所示。

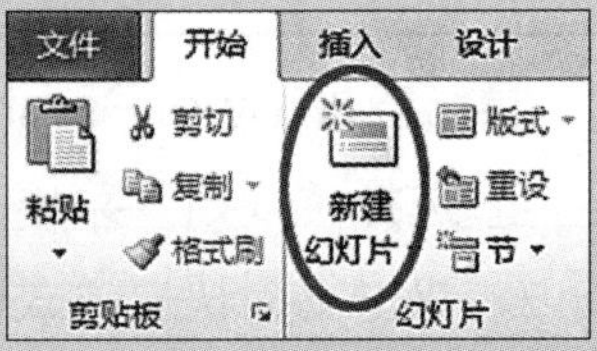

图6-29　新建幻灯片按钮

（4）编辑新幻灯片

新添加幻灯片的版式与第一张幻灯片不同，版式为标题栏和内容。在内容中，可以插入图表和不同媒体等内容，也可以直接录入文本，如图6-30所示。

请在第二张幻灯片中录入“个人情况简介”内容，并将标题字体设置为“黑体”，颜色为“绿色”，字号为40；文本内容设置字体为“楷体”，颜色为“深蓝”，字号为36，如图6-31所示。

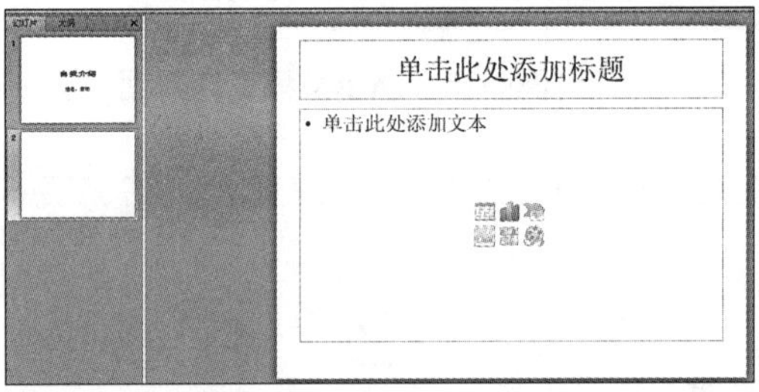

图6-30　第二张幻灯片版式

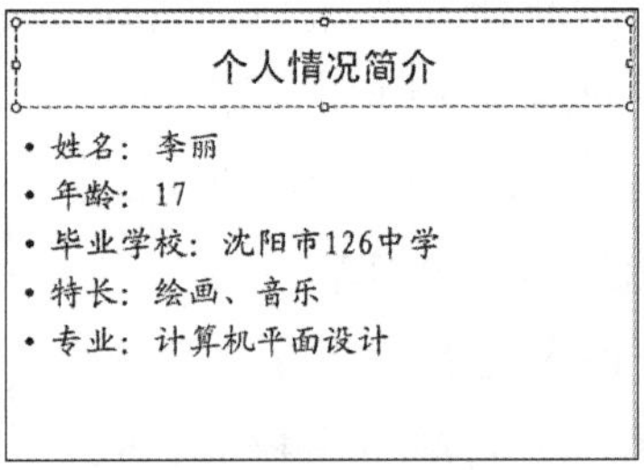

图6-31　第二张幻灯片内容

4 演示文稿的保存与PowerPoint 2010的退出

（1）演示文稿的保存

选择“文件”选项卡，单击“保存”或“另存为”命令。如果是新文件，这两个命令都是保存命令，如果文件已经保存过，“保存”命令则会覆盖原有的文件内容，“另存为”命令则是将文件保存为一个新文件，不会对原文件作修改。

请将“个人情况介绍”演示文稿保存起来，文件名为“自我介绍.pptx”，保存位置为D:盘“PowerPoint练习”文件夹（如没有，可自行创建文件夹），如图6-32所示。

（2）PowerPoint 2010的退出

①单击“文件”选项卡，选择执行“关闭”命令，关闭当前演示文稿。

②单击“文件”选项卡，选择执行“退出”命令，可关闭。

③单击PowerPoint 2010软件界面右上角的“关闭”按钮，退出PowerPoint 2010软件。

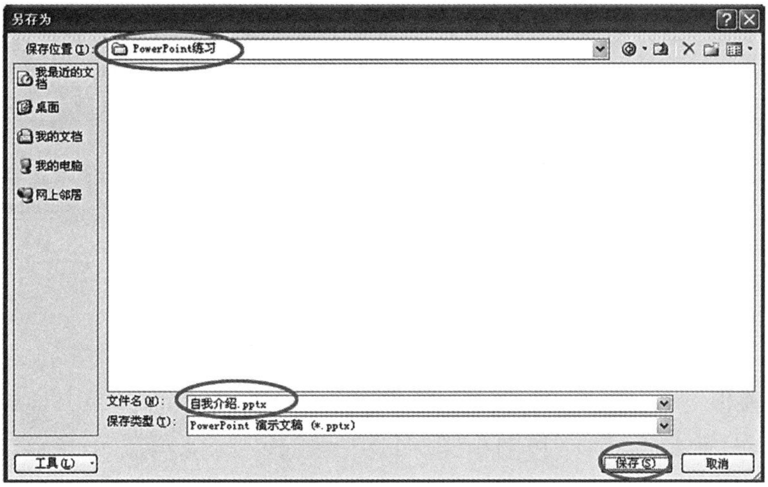

图6-32 保存演示文稿

操作练习

学校要进行优秀班级评比，请给你的班级做一个班级展示的演示文稿吧。

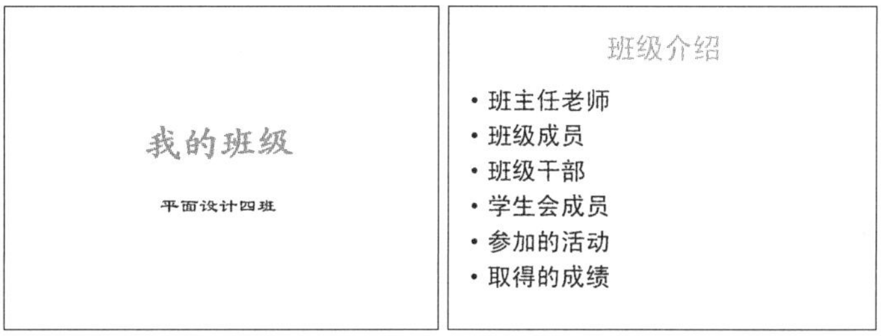

图6-33 幻灯片内容

1. 建立一个空白演示文稿。

2. 第一张演示文稿标题为“我的班级”，字体为“楷体”加粗，字号为60，颜色为“浅绿”，副标题为“平面设计四班”，字体为“隶书”，字号为32，颜色为“黑色”。

3. 第二张幻灯片标题内容为“班级介绍”，字体为“黑体”，字号为48，颜色为“橙色”；添加文本处输入班级介绍内容，字体设置为“黑体”，字号为40，颜色为“黑色”，如图6-33所示。

4. 保存演示文稿，并命名为“我的班级.pptx”。

任务2 模板与主题

1 视图模式

PowerPoint 2010有普通视图、幻灯片浏览视图、阅读视图和备注页视图四种模式。普通视图是默认视图，有三个窗格，可以在幻灯片窗格中编辑当前页幻灯片。幻灯片浏览视图是在同一窗口以缩略图的方式显示所有幻灯片，可整体查看所有幻灯片，方便进行调整。备注页视图可以添加备注文字。阅读视图是将演示文稿作为适应窗口大小的幻灯片以放映方式查看。

2 使用模板

（1）模板

模板是已定义的幻灯片排版设计方案，包括字体、字号、背景格式等，使用时只需要在相应位置输入自己需要的文字、更换自己的图片、删除不需要的内容就可以制作演示文稿。模板分为不同类别，如培训模板、报告模板等。

（2）使用模板

请你为班级同学创建一个校园生活的相册，试一试使用相册模板做一个演示文稿吧。

①单击“文件”选项卡，选择“新建”，单击“样本模板”，如图6-34所示。

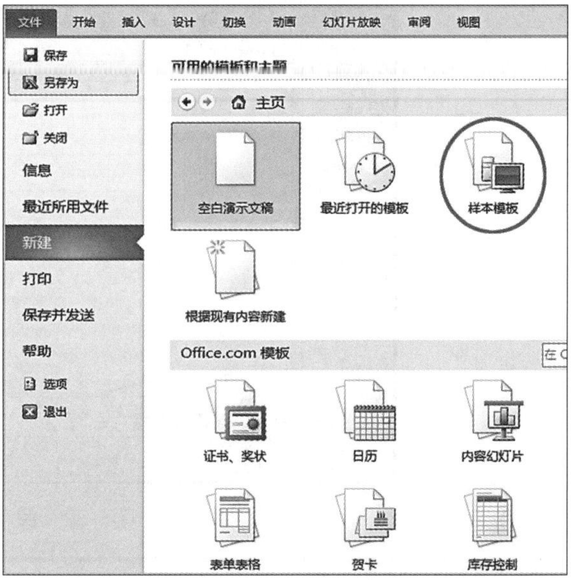

图6-34　选择样本模板

②在样本模板窗口，选择“现代型相册”模板，单击右侧“创建”命令，如图6-35所示。

③根据自己的需求，在相册模板中添加班级同学照片，并修改每张幻灯片上的文字。文件命名为“班级相册.pptx”，并保存文件。

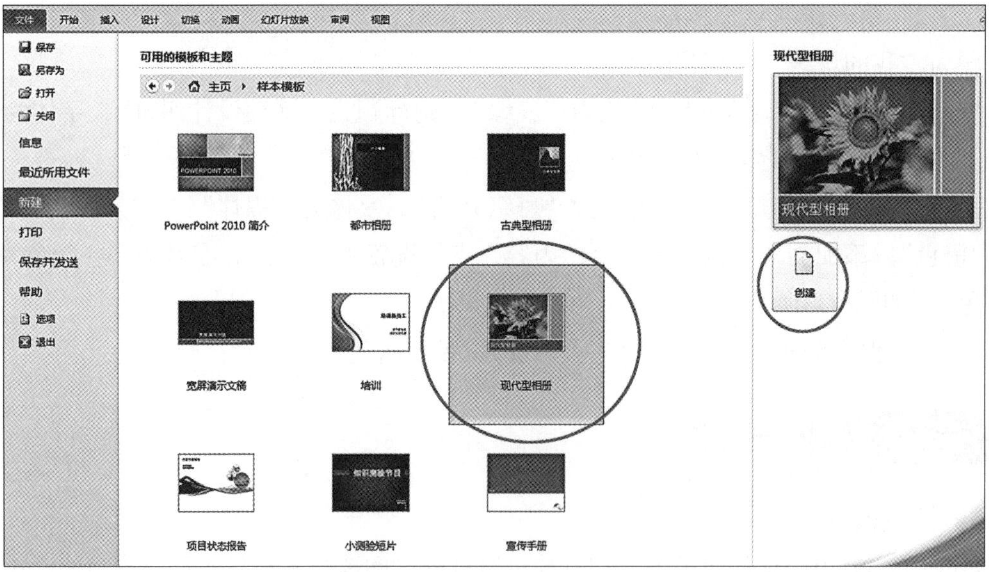

图6-35　创建现代型相册模式

3 应用主题

（1）主题

主题是指演示文稿的所有幻灯片的外观都使用同一个规范化的标准样式，比如使用相同的背景效果、统一的修饰元素、相同的文字格式等。主题是演示文稿自带的一种标准化的模板。使用主题后，幻灯片相应位置都会有“单击此处添加标题”或“单击此处添加文本”的提示，这些提示不是真实的文字，单击时会自动消失。幻灯片放映时，也不会显示。

图6-36　使用主题样式

（2）应用主题

“我的班级”演示文稿只用了默认的白色背景，演示文稿看起来很单调，不够吸引人，那么来给这个演示文稿选择一个合适的主题吧。

①使用主题样式。打开“我的班级.pptx”演示文稿，单击“设计”选项卡，在“主题”组中选择“奥斯汀”主题，如图6-36所示。

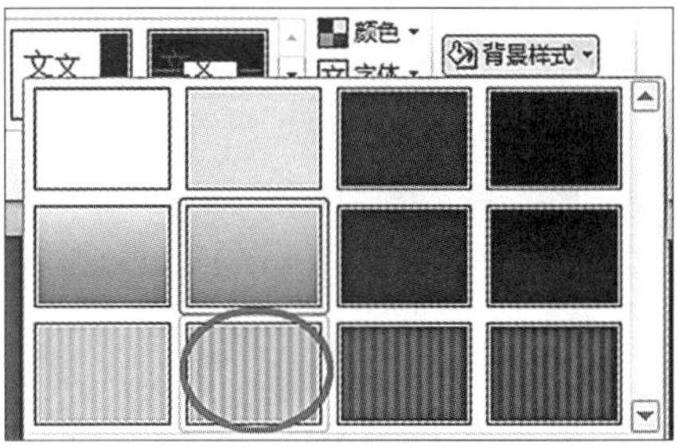

图6-37　设置背景样式

②设置主题背景。幻灯片的主题背景可以修改。可以让所有幻灯片使用相同的背景，也可以让每个幻灯片使用不同的背景。背景可以通过主题修改，也可以自行设计修改。

- 选择“设计”选项卡，单击“背景样式”，在出现的下拉列表中选择“样式10”，单击后修改背景，如图6-37所示。

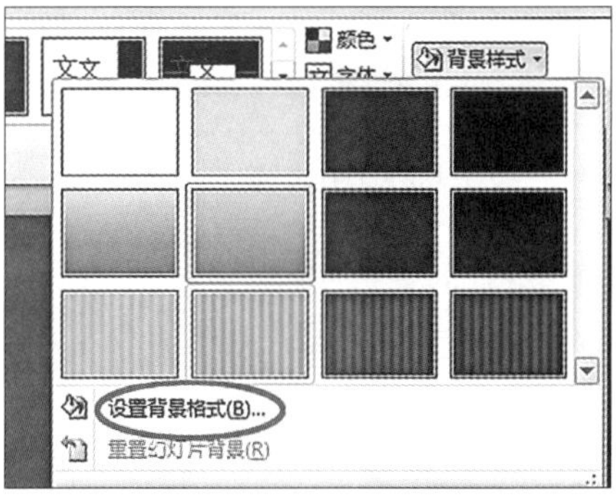

图6-38　设置背景格式

- 选择“设计”选项卡，单击“背景样式”，在下拉列表中选择“设置背景格式”选项，在“设置背景格式”对话框中，可以对“填充”“图片更正”“图片颜色”“艺术效果”选项进行设置，如选择“关闭”按钮，背景格式设置只应用于当前幻灯片，如果选择“全部应用”，则设置应用于所有幻灯片，如图6-38、图6-39所示。

③修改“我的班级.pptx”演示文后，以原名保存文件。

图6-39　“设置背景格式”对话框

操作练习

1. 打开“我的班级.pptx”演示文稿，在第二张幻灯片后面添加6张新幻灯片，各幻灯片标题分别为

“班主任老师”“班级成员”“班级干部”“学生会成员”“参加的活动”“取得的成绩”，并自行根据本班级情况添加完善各页幻灯片的具体内容。

2．修改“学会生成员”的幻灯片背景为“渐变填充”，预设颜色为“茵茵绿原”，方向为“线性向上”，并只应用于当前幻灯片。

任务3 插入图片和视频

PowerPoint 2010演示文稿中不仅仅是用文字来描述，还可以插入图片、图表和视频等，使演示文稿的内容更加丰富。

1 插入图片

插入图片可以是来自文件的图片，可以插入剪贴画、屏幕截图等。

（1）插入图片

打开“我的班级.pptx”，在“班主任老师”这页幻灯片中，插入班主任的照片。

①选择“插入”选项卡中“图像”组的“图片”，单击“图片”按钮，如图6-40所示。

②在“插入图片”窗格中，选择要插入的图片，单击右下方的“插入”按钮，如图6-41所示。

（2）插入剪贴画

在标题为“班级成员”的幻灯片中插入一幅剪贴画。

①选择“插入”选项卡中“图像”组的“剪贴画”，单击“剪贴画”按钮，如图6-42所示。

②在“剪贴画”窗格中，输入搜索文字“建筑”，单击“搜索”按钮。在窗格选择要使用的剪贴画，单击即可将剪贴画插入到幻灯片中。根据需要调整剪贴画大小，拖动到适当的位置，如图6-43所示。

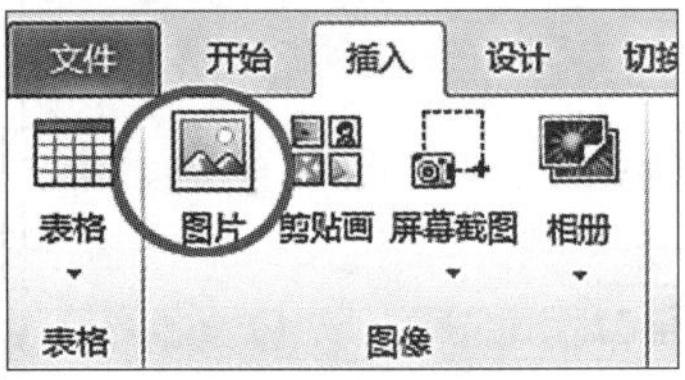

图6-40 插入图片

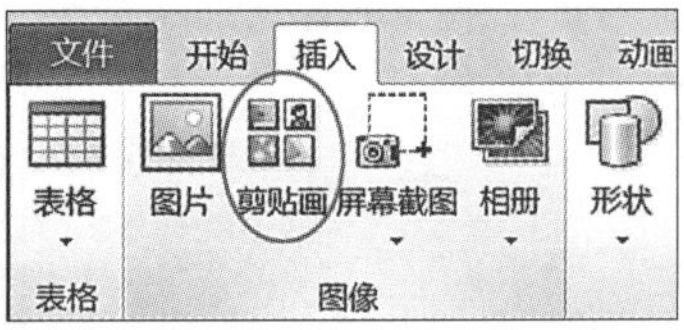

图6-42 插入剪贴画

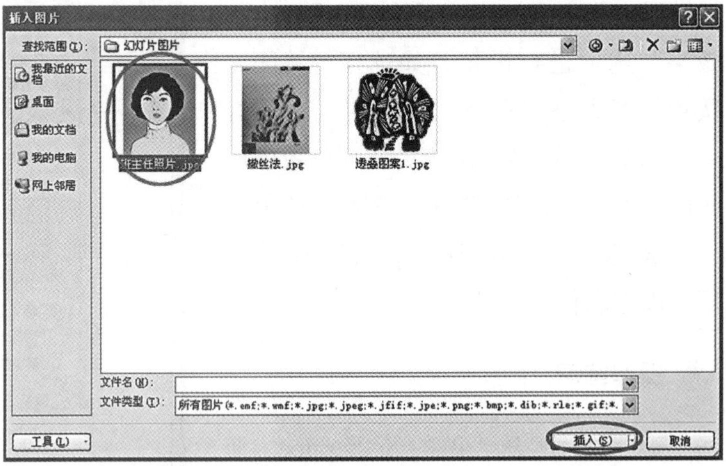

图6-41 插入图片

图6-43　剪贴画窗格

2 插入视频

在“参加的活动”幻灯片中，插入班级同学参加学校活动的视频。

①选择“插入”选项卡中“媒体”组的“视频”。单击“视频”按钮，选择“文件中的视频”选项，如图6-44所示。

②在“插入视频文件”窗格中，选中要插入的视频，单击“插入”按钮，即可将视频插入到当前“参加的活动”幻灯片中。可以调整视频窗口大小、位置，在编辑时或幻灯片放映时点击播放按钮就可以播放视频，如图6-45所示。

③完成图片和视频插入后，以原名保存文件。

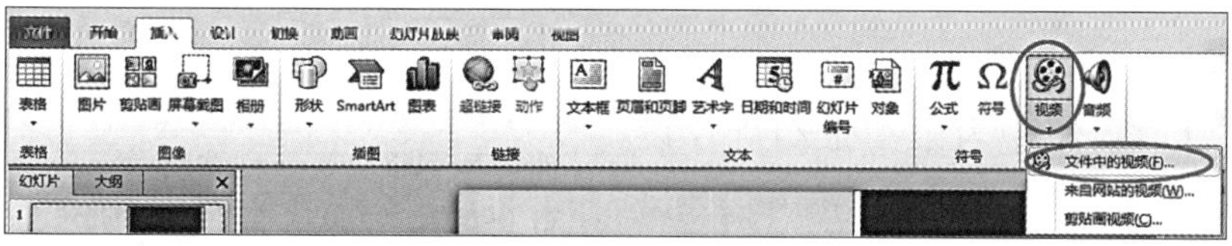

图6-44　插入文件中的视频

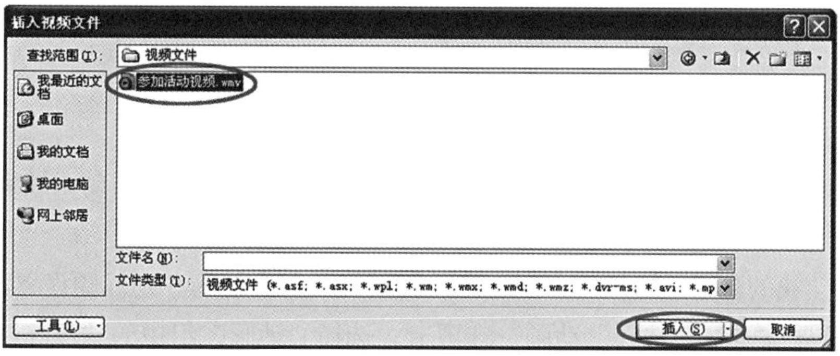

图6-45　插入视频文件

小贴士

● 插入视频时要注意视频文件的格式，不是所有格式的视频文件都能在PowerPoint 2010中使用。PowerPoint 2010支持的格式有avi、wmv、asf等。

● 选择媒体组的“音频”按钮，可以用与插入视频相似的方法在幻灯片中插入音频。

操作练习

1. 打开“我的班级.pptx”，在“班级成员”幻灯片中插入全班同学的合影照片。
2. 在第二张幻灯片中，插入一首MP3格式的歌曲。

任务4 设置幻灯片切换和页面动画效果

幻灯片切换是指相邻两张幻灯片过渡时的动画效果。页面动画是指幻灯片中各个对象出现时的动画效果。

1 幻灯片切换

①打开“我的班级.pptx”，选中第一张幻灯片，选择“切换”选项卡，在“切换到此幻灯片”组单击“淡出”，在右侧“效果选项”选择“全黑”，如图6-46所示。

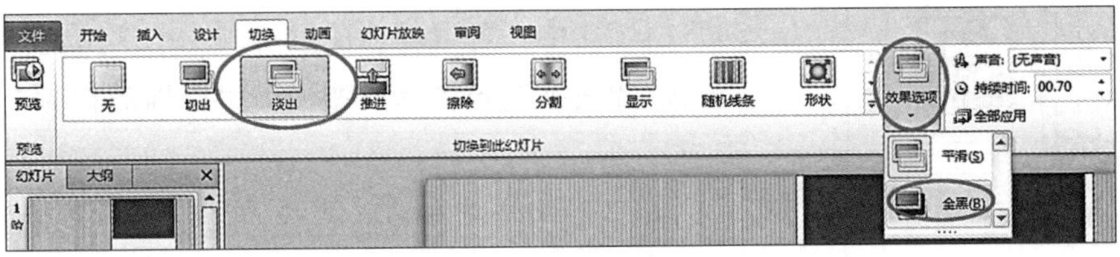

图6-46 幻灯片切换

②在“计时”组中为第一张幻灯片设置切换“持续时间”为：05.00，声音为“风铃”，换片方式为“单击鼠标时”，如图6-47所示。

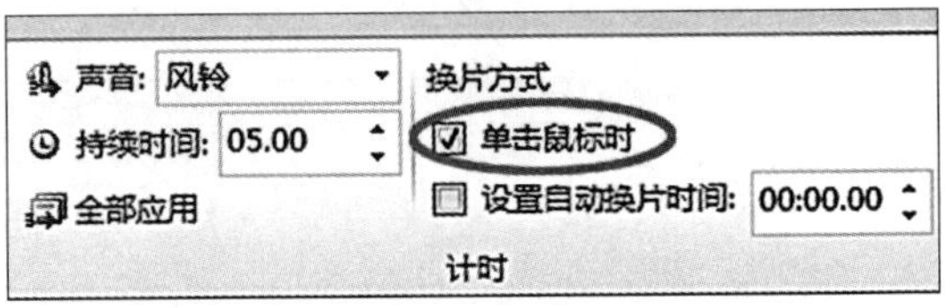

图6-47 设置持续时间和换片方式

③单击“切换”选项卡最左侧的“预览”按钮可以预览当前幻灯片的切换效果。

2 添加页面动画效果

为增加演示文稿的视觉效果，可运用PowerPoint 2010提供的页面动画效果，同时也可以设置页面中不同对象出现的方式和出现的顺序。

①打开“我的班级”幻灯片，选中第一张幻灯片，为标题和副标题设置动画效果。

• 选中标题文本框，选择“动画”选项卡，选择“动画”组中的“擦除”按钮，单击右侧的“效果选项”，选择“自右侧”选项。完成设置后，单击“动画”选项卡左侧的“预览”查看当前设置的动画效果，如图6-48所示。

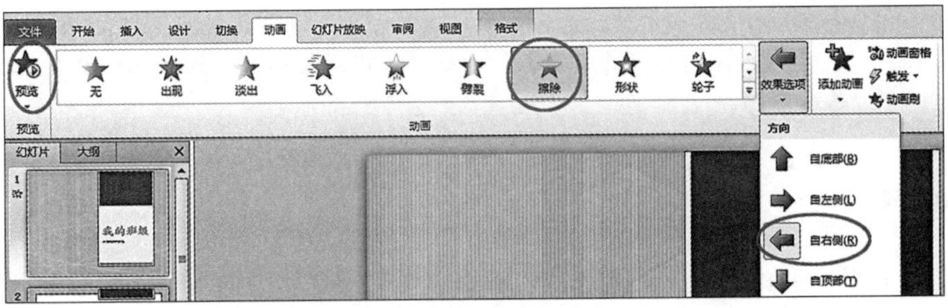

图6-48 设置擦除动画效果

● 在“计时”组中为标题文本框设置开始方式为“单击时”，持续时间改为：01.25，如图6-49所示。

②用相同的方法，将副题文本框设置动画为“形状”，效果选项为“菱形”，开始方式为“上一动画之后”，持续时间为：02.00。

③如果页面有多个对象设置了动画效果，可以对每个对象的动画出现顺序进行调整。通过“对动画重新排序”中的向前移动、向后移动按钮进行调整，如图6-50所示。

④完成设置后，单击“动画”选项卡左侧的“预览”查看所设置的动画效果。

⑤完成幻灯片切换与动画效果设置后，原名保存文件。

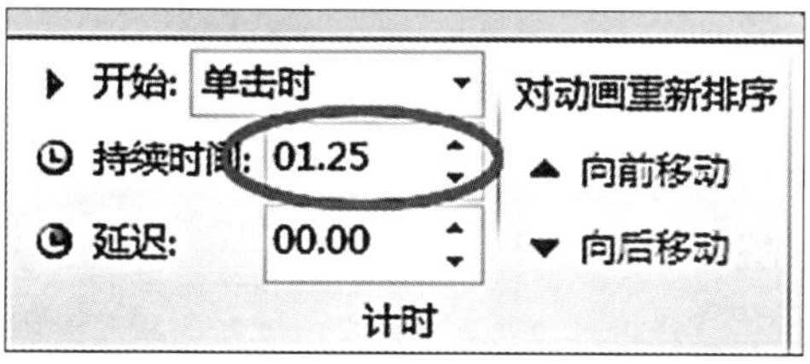

图6-49　设置开始方式与持续时间

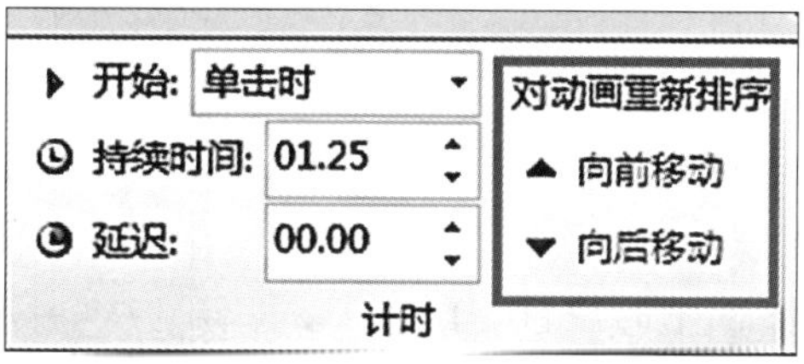

图6-50　对动画重新排序

操作练习

1．将“我的班级.pptx”文件中的幻灯片设置不同的切换效果：

①将第二张幻灯片设置切换效果为“蜂巢”，持续时间为“03.00”，换片方式为“单击鼠标时”。

②将第四张幻灯片设置切换效果为“百叶窗”，效果选项为“水平”，持续时间使用默认值。换片方式选择“设置自动换片时间”，设置时间为8秒。

③比较两种换片方式的区别。

2．选择第四张幻灯片，为幻灯片中各个对象分别设置不同的动画效果。

①将“班级成员”文本设置动画效果为“飞入”，效果选项为“自左下部”，持续时间为“04.00”。

②将幻灯片中的剪贴画动画效果设置为“形状”，效果选项中的“方向”选择“缩小”，“形状”选择“方形”，开始设置为“单击时”。

③使用“对动画重新排序”的两个调整按钮，调整“班级成员”文本和剪贴画的出现顺序。

任务5　超链接与动作按钮

通过超链接，幻灯片可以在顺序放映时实现跳转。超链接除了可以链接到指定位置的幻灯片外，也可以链接到演示文稿以外的文件。利用幻灯片中的文本或其他对象可以创建超链接，也可以插入动作按钮进行链接跳转。

1 超链接

打开“我的班级.pptx”演示文稿，选择第四张幻灯片，为页面上的剪贴画设置超链接，链接到第二张幻灯片。

①选中剪贴画，在“插入”选项卡中单击“链接”组中的“超链接”按钮，如图6-51所示。

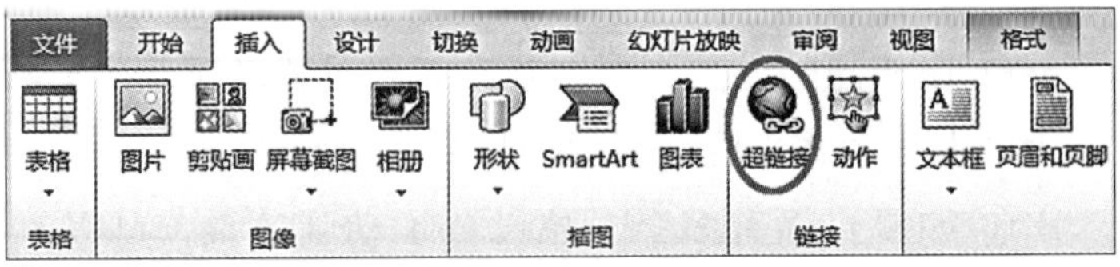

图6-51 超链接

②在“插入超链接”对话框，选择“链接到”窗口中的“本文档中的位置”，在“请选择文档中的位置”窗口中，选择第二张幻灯片，单击“确定”即可，如图6-52所示。

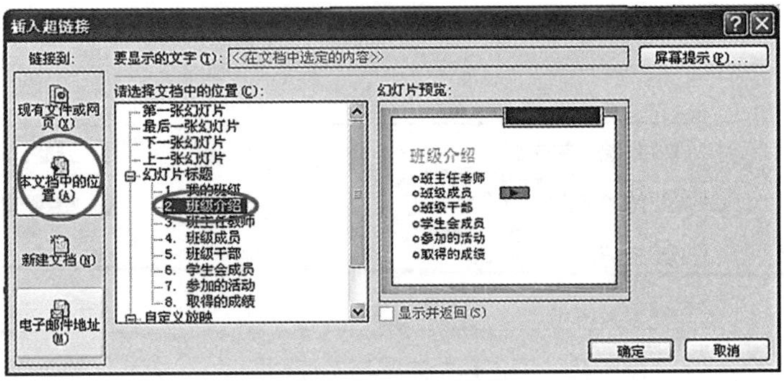

图6-52 插入超链接

> **小贴士**
>
> 超链接“链接到”的位置还包括下面的内容：
>
> - 现有文件或网页：可以选择已创建的文件或浏览过的网页地址，幻灯片放映时，单击设置的超链接的对象即可打开链接指向的文件或网页。
> - 新建文档：执行超链接后，可以新建指定类型的文档。
> - 电子邮件地址：设置电子邮件地址，执行超链接后，可自动打开Outlook，向指定地址发送电子邮件。

2 动作按钮

在第二张幻灯片“班级成员”文本框后添加动作按钮，链接到第四张幻灯片。

①选择“插入”选项卡，在“插图”组中单击“形状”按钮，在“形状”下拉列表找到“动作按钮”，如图6-53所示。

②单击“动作按钮”中的“前进或下一项”按钮，出现“+”标志后拖动，即可在幻灯片指定位置添加动作按钮，如图6-54所示。

③添加动作按钮后，弹出“动作设置”对话框，默认是链接到“下一张幻灯片”。单

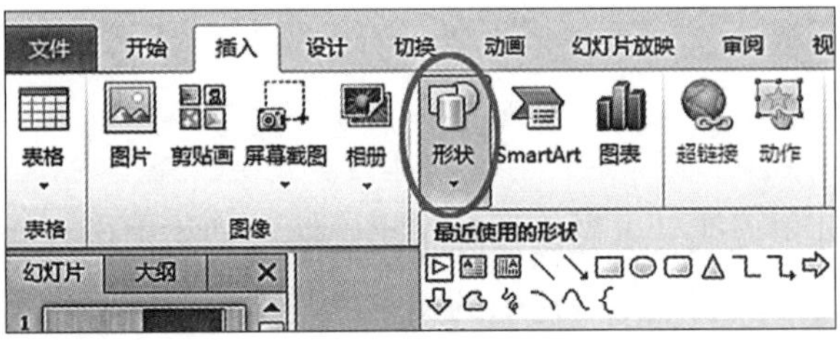

图6-53 形状按钮

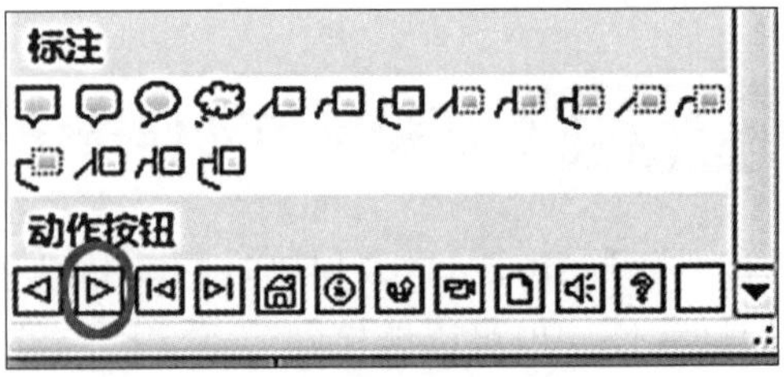

图6-54 动作按钮

击“超链接到”右侧三角号，在下拉列表中选择单击“幻灯片…”，在弹出的列表中选择对应的幻灯片即可，如图6-55所示。

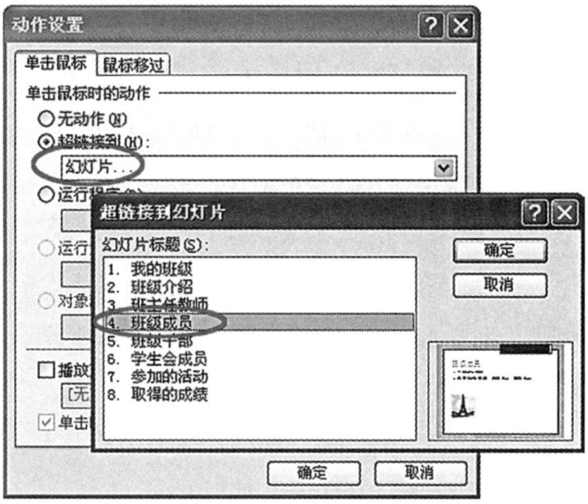

图6-55 动作设置

操作练习

1. 打开“我的班级.pptx”，为第二张幻灯片目录中每个文本设置对应的动作按钮，并链接到指定的幻灯片。

2. 在第三到第八张幻灯片中，任选每张幻灯片页面上的文本或图片，设置超链接到第二张幻灯片，使这6张幻灯片能够在放映过程中均能使用超链接返回到第二张幻灯片。

任务6 演示文稿的放映

1 演示文稿的标准放映方式

常用的幻灯片放映方式有“从头开始”和“从当前幻灯片开始”两种。“从头开始”是按顺序从第一张幻灯片开始，顺序放映到最后一张幻灯片。“从当前幻灯片开始”是指放映的起始位置是正在编辑的幻灯片，从当前幻灯片顺序放映到最后一张。通常想看某一张幻灯片的放映效果，可以选择“从当前幻灯片开始”这种放映方式。

①打开“我的班级.pptx”，选择从头开始放映。选择“幻灯片放映”选项卡，在“开始放映幻灯片”组中单击“从头开始”按钮，“我的班级.pptx”将从第一张幻灯片开始放映，如图6-56所示。

②选中第三张幻灯片，单击“从当前幻灯片开始”按钮放映演示文稿，如图6-57所示。

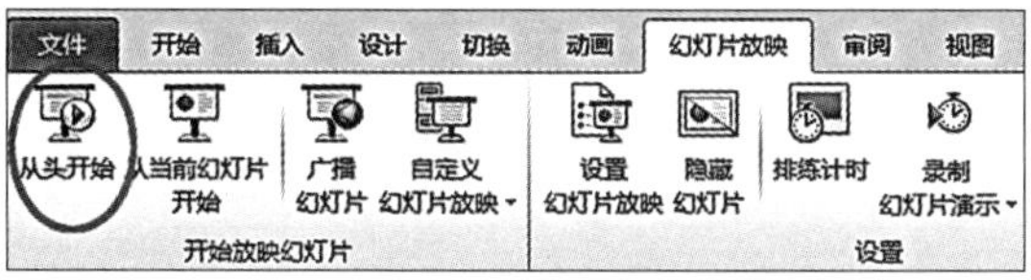

图6-56 从头开始放映幻灯片

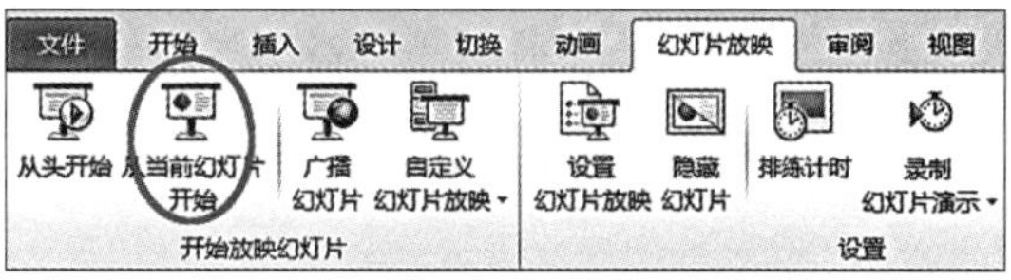

图6-57 从当前幻灯片开始放映

2 演示文稿的自定义放映方式

自定义放映可以重新调整幻灯片的顺序，也可以选择想要放映的幻灯片，在幻灯片放映时，只有被选中的幻灯片参与放映。

①选择“幻灯片放映”选项卡，在“开始放映幻灯片”组中单击“自定义幻灯片放映”按钮，执行下面的“自定义放映”命令，如图6-58所示。

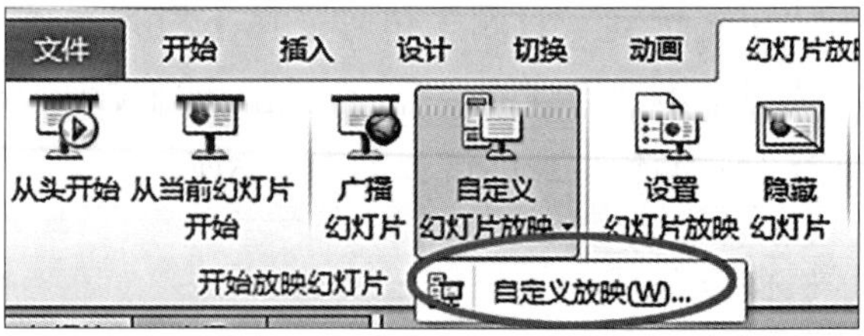

图6-58　自定义放映

②在“自定义放映”对话框中，单击“新建”按钮，在弹出的“定义自定义放映”对话框中，默认的“幻灯片放映名称”为“自定义放映1”，如需要改名，可自行修改。从左侧“在演示文稿中的幻灯片”窗口中选中自定义放映的幻灯片，单击“添加”按钮，被选中的幻灯片就会出现在右侧“在自定义放映中的幻灯片”窗口中，选择完成后单击“确定”按钮，设置好的自定义放映会出现在“自定义放映”对话框中，如图6-59所示。

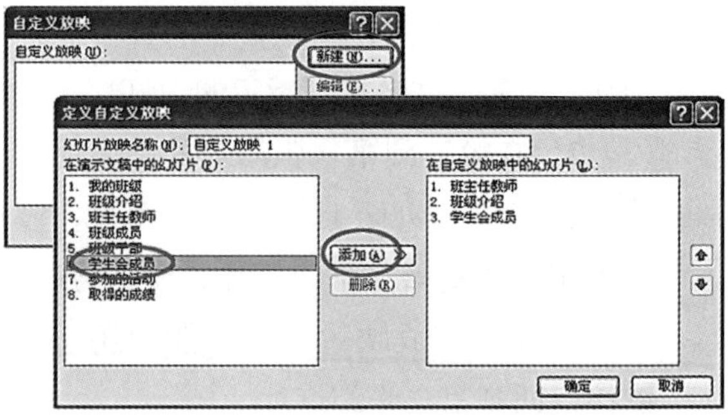

图6-59　选择自定义放映的幻灯片

③再次选择“幻灯片放映”选项卡中“开始放映幻灯片”组的“自定义幻灯片放映”，执行“自定义放映1”，就会放映自己选定的幻灯片并按指定顺序放映，如图6-60所示。

图6-60　放映自定义的幻灯片

3 保存PowerPoint放映文件

放映文件直接双击打开就可以放映，不用再打开演示文稿进行幻灯片放映。

打开“我的班级.pptx”，选择“文件”选项卡执行“另存为”命令，在保存文件时，保存类型选择“PowerPoint放映(*.ppsx)”，即可将当前演示文稿另存为一个放映文件。如图6-61所示。

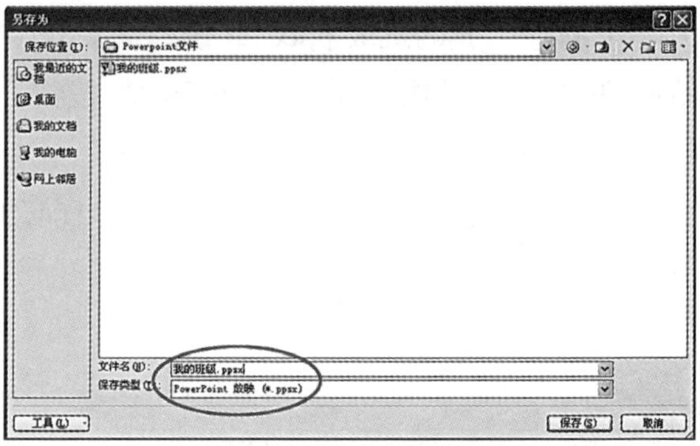

图6-61　保存放映文件

操作练习

1. 打开“我的班级.pptx”演示文稿，分别用“从头开始”和“从当前幻灯片开始”两种方式进行幻灯片放映。

2. 选择文件中的任意6张幻灯片，调整顺序，定义“自定义放映”，设置完成后，放映幻灯片并查看放映顺序。

实训项目四

初识虚拟现实与增强现实

实训目的

- 了解虚拟现实和增强现实的概念；
- 了解虚拟现实和增强现实的特征和应用的领域；
- 能够使用工具软件体验虚拟现实及增强现实的技术。

实训内容

任务1 虚拟现实技术

1 虚拟现实技术的含义

虚拟现实技术（Virtual Reality，简称为VR），它以计算机技术为核心，结合了多种技术模拟出的虚拟世界，通过仿真环境使用户产生沉浸式的体验，得到与现实世界相接近的真实的感受。通过人与计算机的数据交互，在虚拟世界模拟人类感官功能，如视觉、听觉、嗅觉、触觉等，并与虚拟环境中的物体进行真实的互动。

2 虚拟现实的特征

①交互性：人们可以借助于虚拟现实的专用设备与虚拟环境进行交互，虚拟环境也可以响应人们的行为。

②沉浸性：是指虚拟现实技术使用户完全置身于虚拟世界，产生身临其境的感觉。

③想象性：虚拟现实环境既有真实环境的重现，也包括想象出来的情境，可以跨越时间和空间，也可以探索肉眼不可见的宏观或微观世界。

操作练习

1. 通过网络浏览或阅读教材，请写出虚拟现实技术包含的四大要素。
2. 请上网搜索虚拟现实技术常见的专用设备，并填入表6-2中。

表 6-2 虚拟现实技术专业设备

虚拟现实技术的专用设备	种类
建模设备	3D扫描仪

任务2 虚拟现实技术的应用

虚拟现实技术让用户在虚拟环境中产生真实的视觉、听觉、触觉等感官，沉浸在虚拟世界并与之产生真实的互动。因此，可以通过虚拟技术进行模拟危险、高成本的现实环境，让人们借以去完成相应的实践和训练。

（1）艺术与娱乐

虚拟现实技术能使静态的艺术形象转换成动态的形象，沉浸式的观感让观众参与感更强，能够让观众更好地欣赏艺术作品。

（2）在教育中的应用

虚拟现实技术在教育领域中主要是为学生呈现虚拟的学习环境，如虚拟实验室、仿真实习操作等。

（3）在设计领域的应用

虚拟现实技术在设计领域范围很广。例如室内设计，通过虚拟技术模仿人的视角，利用虚拟现实技术把房屋的外形、室内结构模拟出来，进行装饰设计。

（4）医疗领域

利用虚拟现实技术，可以创建逼真环境，虚拟人体组织和器官模型，对有危险的、不能失误的操作进行反复演练，避免造成不必要的伤害等。

操作练习

1．上网查询虚拟现实技术在各不同领域的实际应用，并填入表6-3。

表 6-3 虚拟现实技术的应用

虚拟现实技术应用领域	应用实例
艺术与娱乐领域	
教育领域	
设计领域	
医疗领域	

2．浏览全景云平台网站。

①打开蛙色VR全景云平台。

②选择“VR漫游”，选择页面中的风景进行观看，体验VR全景的效果。

③虎丘的秋色风景如图6-62所示。

图6-62　VR虎丘风景

任务3 增强现实技术

1 增强现实技术的含义

增强现实技术（Augmented Reality，简称AR）是现实环境与和虚拟世界信息结合的技术。现实世界中无法体验的某些信息可以通过计算机技术进行仿真叠加，实现虚拟信息补充到现实环境中，形成增强真实世界的效果。

2 增强现实技术的应用

（1）文化领域

利用增强现实技术数字化重建历史遗迹和博物馆展览，虚实技术的结合，将展览由被动参观方式变为多感官的互动性方式。

（2）旅游、展览领域

人们在浏览、参观的同时，通过增强现实技术将接收到途经建筑的相关资料，观看展品的相关数据资料。

（3）城市建设规划

增强现实技术可以将虚拟的规划效果应用到真实场景中，形成更具真实感的设计效果。

操作练习

1．请通网络浏览或阅读教材，说出增强现实技术的主要特点。

2．利用手机小程序体会增强现实技术的应用。

①下载“Just a line”手机App，并运行软件。

②选择画线的圆点的大小。

③找到要拍摄的景物，在手机屏幕上画出自己想要的线条形状和图案。

④选择屏幕下方的“录制视频”按钮，移动手机拍摄景物，画的线条形状会随着拍摄在屏幕上移动变化，形成虚实相结合的特殊效果。

⑤如需保存视频效果，可以点击屏幕左下角的“save”按钮。

第七单元

信息安全基础

- 实训项目一　信息安全常识
- 实训项目二　防范信息系统恶意攻击

实训项目一

信息安全常识

实训目的

- 了解信息系统的含义；
- 掌握信息安全的概念及信息安全的基本属性；
- 正确理解信息安全与国家信息安全的意义；
- 了解信息系统安全的风险及面临的威胁；
- 掌握个人信息包括的内容及个人信息防护。

实训内容

任务1 初识信息安全

1 信息系统的含义

信息系统是由计算机硬件、网络和通信设备、计算机软件、数据、信息用户和规章制度组成的处理信息流的人机交互系统。各种信息系统已经成为人们日常生活中不可或缺的一部分，如医院的网上挂号系统、各企业的办公系统、各类学校的线上学习平台、线上售票系统等。

操作练习

请根据日常生活的经验，通过网络搜索，找出你所有熟悉的各类信息系统，了解它们的功能，并填入表7-1。

表 7-1　常用信息系统的功能

序号	信息系统名称	主要功能

2 信息安全及信息安全的基本属性

由于信息系统自身的局限性，在使用信息系统时，也会有潜在的安全隐患。

①信息安全是指信息系统的硬件、软件及相关数据在使用过程中受到保护，不受偶然或者恶意入侵等原因而遭到破坏、更改及泄露，确保信息系统连续可靠地正常运行。

②信息安全基本属性包括完整性、保密性、可用性、可控性和不可否认性。

3 信息安全与国家安全

信息技术的深入应用已经把现实社会中的国家政治、经济、文化、国防安全等全面映射到网络空间，由此也形成了一系列网络空间的合法权益和安全问题。因此要建立信息安全的法律保障体系，避免或减少网络渗透、网络诈骗、有害信息、网络犯罪对国家政治、经济、社会安全的危害，保障信息系统正常运行。

操作练习

1. 12306是中国铁路客户服务中心推出的售票系统，请使用12306手机客户端或访问12306网站，体验如何注册一个新用户，并查询自己感兴趣的旅游城市的车票信息。

①访问12306网站页面，如图7-1所示，注册用户并登录，注册过程中注意自己信息的安全保护。

②输入要查询的出发地、到达地及出发日期等信息，查询火车票的车次信息以及车票的剩余情况。

2. 请通过网络浏览查找我国制定了哪些信息法规，并将信息填入表7-2。

图7-1　12306售票系统

表 7-2 信息法规

序号	信息法规
1	中华人民共和国知识产权法
2	中华人民共和国信息安全法
3	
4	
5	中华人民共和国电子商务法
6	

任务2 识别信息系统安全风险

1 自然灾害

由于信息系统对外部环境有依赖性，一旦遇到水灾、雷电等自然灾害，都影响信息系统的安全，如断电引起设备失效，导致信息系统瘫痪等。

2 系统漏洞及故障

漏洞是指一个系统中存在的软件、硬件或通信协议方面的弱点或缺陷，会被攻击者利用，在未授权的情况下访问或破坏系统。

另外，硬件自身的故障或者软件、硬件在设计中的缺陷，也会导致信息安全隐患。

3 恶意攻击

恶意攻击指针对信息系统、基础设施、计算机网络或物理基础设备所做的任何类型的攻击和破坏。

①被动攻击。是指信息在网络传递过程中被窃听、监听、嗅探及信息采集，攻击者通过对传输报文内容的泄露和通信流量分析获取信息系统资源。

②主动攻击。包括拒绝服务、信息篡改、资源盗用、欺骗、伪装和重放等攻击方式，造成对数据流的部分修改或者生成假的数据流，从而破坏或中断系统的服务。

③破坏物理基础设施。即人为破坏行为，如盗割通信电缆、网络设备的破坏等。

4 人为失误

网络信息系统由于设计缺陷或编码错误会出现人为的安全漏洞，在系统管理过程中也会出现人为的配置失误和硬件维护问题等。对于用户来讲，缺乏信息安全意识，密码的设置、使用方法不当以及个人设备丢失或报废，设备中信息未及时清理，都会造成信息安全的隐患。

操作练习

1. 请和同学们一起探讨，手机等电子产品如果不再使用或者报废，怎么消除里面的信息而不被恢复？请和同学们探讨后通过网络搜索找出适用的方法。

2．请上网搜索网络攻击的典型案例，选出对你比较有触动的3个案例填入表7-3，并认真体会网络安全的重要性。

表 7-3　网络攻击案例

序号	网络攻击典型案例

任务3　应对信息安全风险

1　信息安全核心技术

发展具有自主知识产权的核心技术，掌握自主可控、安全可信的基础软件、硬件，突破关键核心领域的技术，如高性能计算、量子通信、芯片技术等。

2　个人信息保护

个人信息分为敏感信息或一般信息。其中姓名、身份证件号码、联系方式、指纹、基因等为敏感信息。敏感信息以外的信息称为一般信息。

个人信息泄漏后，会导致个人或家庭受到不同程度的骚扰，严重个人信息泄漏会使不法分子得到可乘之机，进行各种犯罪活动。个人信息的保护是需要包括国家、相关行业和个人多方面共同采取措施来完成的。人们也要提高自身的信息安全意识，增强对自己的个人信息的保护，一旦遇到个人信息被盗用，立即报警，避免伤害。

3　信息安全的法律法规

公民应提高正确应用网络资源的意识，学习遵守信息法律法规，具备一定的信息伦理规范，增强维权意识，对信息活动与行为的对错有正确的善恶评判标准。在自媒体时代，对微博、贴吧、朋友圈等自媒体信息的发布要承担道德责任和义务。

操作练习

1．在日常生活中，在一些不安全、不了解的网络平台进行注册、随意扫别人提供的二维码、系统密码口令不按要求设置等行为，都会造成个人信息的泄漏。请上网搜索，查看还有哪些行为会造成个人信息泄漏，并找出防范方法填入表7-4。

表 7-4　个人信息泄漏方式

序号	个人信息泄漏方式	防范方法

2. 人们在使用手机的过程中会发现，安装任何一款手机软件，都会要求获取用户手机中的数据，如读取联系人、获取地理位置、读写手机存储、使用相机等。这些权限要求都有可能会造成个人信息的流出。请检查手机软件的权限，安全设置自己的手机。

①打开手机，在“设置”中选择“应用设置”|“授权管理”|“应用权限管理”|“权限管理”，如图7-2所示（不同类型/品牌的智能手机“权限管理”的进入方式不同）。

②查看哪些软件获取了相机、手机存储、录音等应用的权限。

③在应用管理中，选择自己手机中的任意一个软件，查看当前的权限设置，并根据实际需要重新进行安全设置。

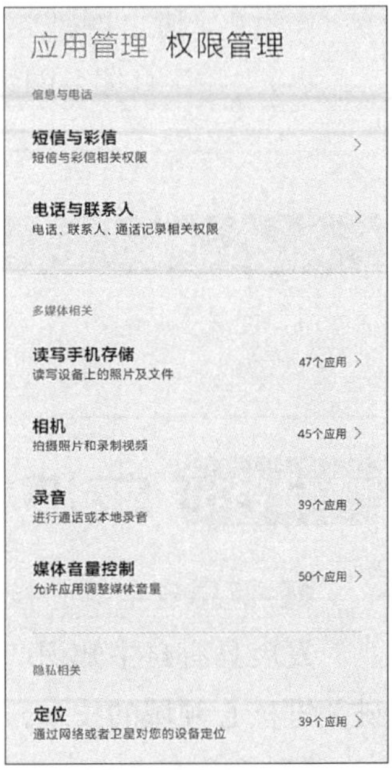

图7-2 智能手机的权限管理

实训项目二

防范信息系统恶意攻击

实训目的

- 认识常见的信息系统恶意攻击的形式和特点；
- 初步掌握信息系统安全保护的常用技术方法；
- 了解网络安全等级保护和数据安全的信息安全制度和标准。

实训内容

任务1 辨别常见的恶意攻击

1 口令攻击

口令攻击是指攻击者通过某些合法用户的账号和口令进入到系统目标，进行系统信息资源的窃取，破坏、篡改系统信息。这种攻击方法通常需要得到某个合法用户的账号，然后再进行合法用户的密码破译。

操作练习

请通过网络搜索或阅读教材，填写下面内容。

①攻击者获得口令的方法：

②口令攻击的常见方法：

2 恶意代码攻击

在未经授权的情况下，利用各种欺骗手段向信息系统安装、执行代码，以达到破坏系统资源或获取信息系统资源的目的。常见的恶意代码有木马、僵尸、蠕虫和计算机病毒（简称“病毒”）等。

木马是特定的用来控制另一台计算机的程序，用以盗取用户个人信息或者远程控制用户计算机。

僵尸程序是用于构建大规模攻击平台的恶意程序，感染存在漏洞的计算机后，这些被感染的计算机中所保存的信息可以被任意取用。

蠕虫是一种可以自我复制的代码，无需人为干预就能传播，是以占用系统和网络资源为目的的恶意代码。其具有较强的独立性，以递归方式进行传播。

病毒是人为编写的一段程序代码，通过感染计算机文件进行传播，能够破坏或篡改数据，影响计算机正常运行。

操作练习

请通过网络搜索或阅读教材，列举常见的几种恶意代码的种类、危害，并填入表7-5。

表 7-5　恶意代码的种类及危害

恶意代码	种类	危害
木马		
僵尸		
蠕虫		
病毒		

3 拒绝服务攻击

拒绝服务（DoS）攻击是指向某信息系统发送大量合理的服务请求来占用过多的服务资源，从而使目标系统的服务响应不能完成。常见的拒绝服务攻击有计算机网络带宽攻击和连通性攻击两种。通过密集的攻击消耗网络带宽或系统资源使计算机无法再处理合法用户的请求。随着计算机性能的提高和网络带宽的增长，DoS的攻击难度加大，在传统的DoS攻击基础上产生了分布式拒绝服务（DDoS）攻击，是由许多处于不同位置的攻击者向一个或多个目标系统进行攻击，从而成倍地提高攻击威力。

操作练习

1. 通过网络浏览或阅读教材，将答案填入下面空格。

拒绝服务攻击的后果：____________________________。

DDoS有主要针对______________攻击和____________________攻击。

2. 在日常使用计算机的过程中，可以选择一款计算机病毒防护软件，对计算机进行上网保护和病毒查杀，如图7-3所示。请打开计算机的病毒防护软件，进行电脑体检、木马查杀、系统修复等操作，来保护自己的计算机正常高效地使用。

图7-3　杀毒软件

任务2　常用信息安全技术

1 身份验证

身份验证是用户访问系统或使用受限资源时，进行身份甄别的过程，防止未授权用户对系统资源的使用，保护合法用户的个人信息。身份验证的主要方式有以下几种。

（1）用户名与口令认证

这种方式操作简单易行，主要包括静态口令和动态口令。静态口令是以用户名与口令一次性产生，固定不变。动态口令主要有动态短信和动态口令牌，一次一密，是目前应用最广泛的身份识别技术。

（2）生物特征识别验证技术

生物特征识别是借助于人的生物特征的差异性来进行身份验证，如人脸、指纹、虹膜、声纹等。

（3）基于信任物的身份验证

这种验证方式采用软硬件结合的方式进行验证，将安全性和易行性有效结合在一起，利用智能卡、门禁卡、U盾、支付盾、数字证书等，来完成身份验证。

操作练习

人们在日常生活中经常会遇到需要身份验证的生活场景，身份验证已经成为人们生活中密不可分的一部分。表7-6列出了几个需要进行身份验证场景，请将对应的身份验证方式填入表中。

表7-6　身份验证方式

序号	需要身份验证的行为	身份验证方式
1	上网买车票	
2	微信支付	
3	智能门锁	
4	生活小区入口	
5	上班签到	
6	手机银行转账	

2 数据加密

为保护信息系统中大量的数据，确保数据的保密性、完整性，可以通过数据加密措施来保护数据。数据加密是通过加密算法和加密密钥将明文转换成密文。密码是通过特定的编码规则，将数据信息从明文到密文进行变换，借助于变换手段将公开的信息编码转换成只有通信双方才懂的信息编码。密钥是一种参数，指在密码算法中引进控制参数，对同一个算法引用不同的参数，解密结果是不同的。信息加密技术在信息安全方面的应用主要体现在维持信息的机密性、敏感信息交换过程中身份的鉴别、保护信息的完整性和存在性等。

操作练习

人们在学习工作中，通常会处理一些需要隐私保护或机密的文档，不希望被他人看见或修改，以保证文档安全。下面将利用Word的“保护文档”功能来进行文档的加密保护。

①新建一个Word文档，输入任意内容，保存为“如何加密.docx”。

②单击“文件”选项卡中“信息”选项的“保护文档”按钮，对保护文档中各个选项进行设置。如“标记为最终状态”，可将文件设置为只读形式文件，“用密码进行加密”可设置密码等，如图7-4所示。

③单击“用密码进行加密”，出现“加密文档”对话框，输入密码，再次确认后，密码设置完成。

④密码设置完成后，保存文件。文件重新打开后，会提示输入密码。

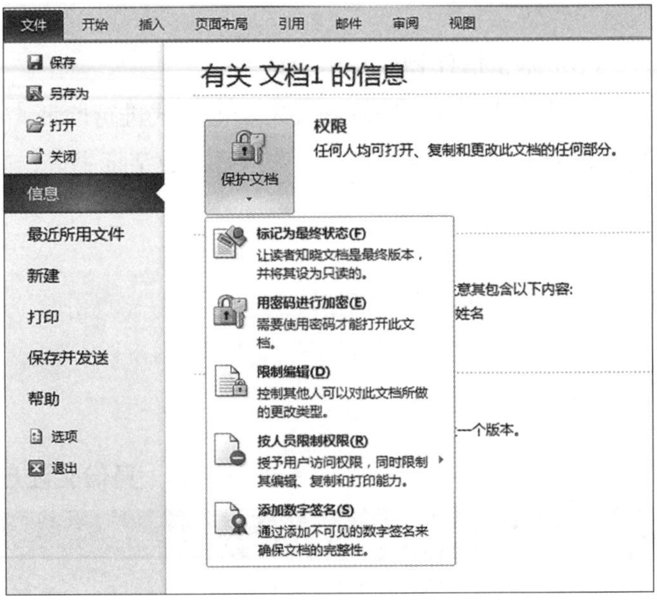

图7-4　Word文档加密

3 设置防火墙

防火墙是由软件和硬件组成的，设置于两个或多个网络之间，用于对两个网络之间的通信访问进行管理和控制，从而保障系统安全。防火墙通常用于外部网络与内部网络之间、专用网络与公共网络之间，用于隔离和限制网络互访，构造一个安全保护屏障，如图7-5所示。

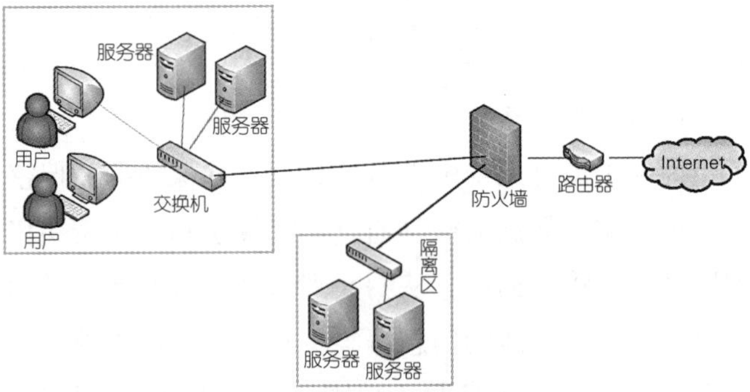

图7-5　防火墙示意图

防火墙的主要功能包括：过滤不安全的服务，禁止不安全的协议进入受保护的网络；强化网络安全策略，可将安全软件配置在防火墙上，如口令、身份认证等，防止未授权用户访问内部网络；对网络访问与存储进行监控统计，对可疑行为进行报警；防止内部信息外泄，同时限制内部用户访问特殊站点。

操作练习

请根据以下步骤设置Windows防火墙。

①单击“开始”菜单，选择控制面板。

②在控制面板页面，选择“系统和安全”，如图7-6所示。

③在防火墙界面，选择“打开或关闭Windows防火墙”，进入自定义界面按需要选择启用防火墙并进行设置，如图7-7所示。

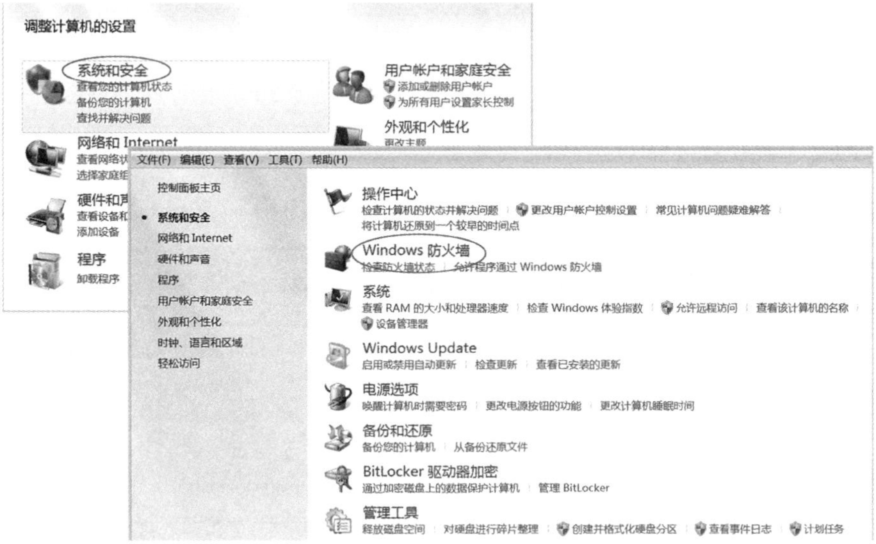

图7-6　进入防火墙界面

图7-7　设置开启防火墙

任务3　安全使用信息系统

信息系统的安全规范和策略是信息系统安全应用的必要条件之一。维护信息系统的安全运行，除了先进的信息安全技术支持外，作为用户个人，也要具备信息安全的意识，遵守信息安全的规范与标准，避免人为原因造成信息安全隐患。

1　网络安全等级保护制度

自2017年6月1日起开始实施的《中华人民共和国网络安全法》，其中第四章“网络信息安全”明确规定了网络运营者、任何个人和相关组织在信息安全中所承担的义务和责任。此外，我国还制定了统一的信息和网络安全等级保护管理规范和技术标准，以及保护健全国家关键信息基础设施安全为重点的网络安全等级保护制度。

操作练习

网络安全等级保护制度分为五级，请上网浏览不同等级的具体内容，摘取主要内容填入表7-7。

表 7-7　网络安全等级保护

级别	内容
第一级　自主保护级	

2 安全使用信息设备

日常使用的信息设备（如计算机、手机等）只有安全规范地使用，才能保证信息来源安全，防止人为失误带来不必要的损失，如选用适合的安全软件、开启操作系统的自动更新、选择正规软件、不随意打开链接或扫描二维码、设备及时加密等。

操作练习

请通过网络搜索或阅读教材，将安全使用信息设备遵循的方法和建议填入图7-8。

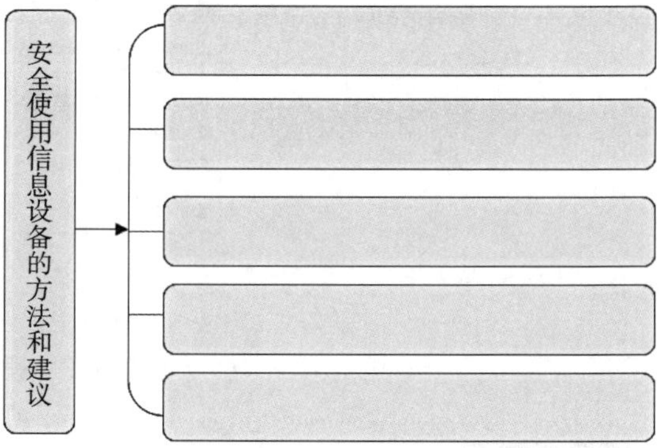

图7-8　安全使用信息设备的方法和建议

3 安全使用网络

信息社会下，网络的应用已经渗透到人们生活的各个角落，在网络接入时，要时时注意安全。

①无线网络接入时，使用正规机构提供的、具有验证机制的Wi-Fi。关闭手机的Wi-Fi的自动接入功能，确保手机网络应用的安全。

②家用无线网络要设置无线路由的密码保护，使用WAP2方式加密，无线密码设置要相对复杂，并定期更换Wi-Fi密码。修改路由器管理界面登录口令，隐藏SSID，使用MAC地址过滤功能。

4 数据备份

数据的备份在信息安全中具有重要的意义。信息系统中存在数据的传输与储存，就会存在数据故障，尤其是受到网络攻击、入侵或者自然灾害时，数据的备份与恢复就会显得尤为重要。

信息系统的数据备份有以下3种策略：

①完全备份：针对系统某个时间点，将所有的数据全部进行备份，恢复时也是一次性全部恢复备份数据。

②增量备份：每次只对上一次完全备份后的新增或修改过的数据进行备份，恢复时需要将所有备份数据进行恢复。

③差量备份：进行一次完全备份后，每次只备份与第一次备份有差异的部分，恢复时只恢复第一次备份和最后一次有差异的备份数据。

为了防止大范围的自然灾害，一些大型金融机构会采取一些必要的异地容灾备份方案，如图7-9所示。

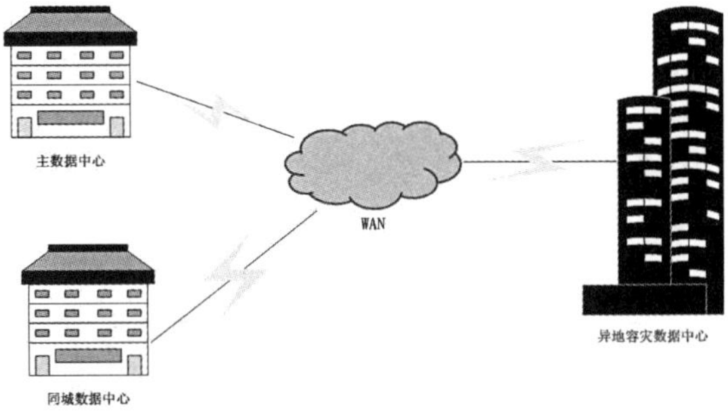

图7-9 异地容灾备份示意

操作练习

1．在日常生活中，人们的一些重要文件也需要做好备份。请利用手机中的百度网盘，将自己手机中的文件、照片等资料备份到百度网盘。

①打开百度网盘，单击右侧的“+”按钮。

②选择要上传的照片或其他文件，选择下方的“上传到”，选择上传位置，如图7-10所示。

③选择右侧的“上传”。

2．利用百度网盘中的“手机备份”，可以将手机中的相关资料备份到网盘。请利用百度网盘，完成“相册备份”的设置，防止手机中的照片丢失。

操作方法：打开手机中的百度网盘，选择“手机备份”，在手机备份页面，选择“相册备份”，可以按照提示完成相册备份的设置，如图7-11所示。

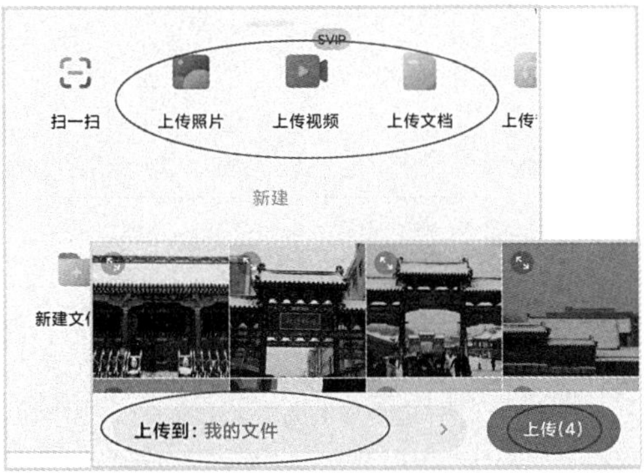

图7-10 百度网盘上传文件

图7-11 手机相册备份

第八单元

人工智能初步

- 实训项目一　初识人工智能
- 实训项目二　探寻机器人

实训项目一

初识人工智能

实训目的

- 了解人工智能的发展过程及应用范围，认识其对人类社会的影响；
- 了解人工智能的原理；
- 体验人工智能在语音控制、图像识别等方面的应用。

实训内容

任务1 人工智能及人工智能的发展

1 人工智能的含义

人工智能（Artificial Intelligence，简称AI），是指以计算机为载体，进行模拟、延伸和扩展人类的智能的研究和开发。人工智能是一门包括计算机科学、心理科学、生命科学、逻辑科学、教育科学等多个学科广泛交叉的前沿科学。

2 人工智能的发展

人工智能的概念是20世纪50年代被提出来的。1950年，著名的计算机科学家图灵提出了“图灵测试”，即测试者通过一些装置（如键盘）与一台机器进行对话，经过多次测试后如果不能确定被测试者是人还是机器，那么这台机器就被认为通过了测试并具有人类智能。1956年，在美国的达特茅斯学院举行的一次会议上人工智能的概念被提出，正式确立了人工智能的研究领域，标志着人工智能学科的诞生。

操作练习

人工智能在探索的道路上，经历了数次高潮与低谷曲折的发展历程。请写出人工智能发展的三个阶段的代表性人工智能，填入表8-1。

表 8-1 人工智能的发展

阶段	主要特征	代表性人工智能
第一阶段	符号推理为核心	
第二阶段	手工制造知识库与推理引擎	
第三阶段	问题引导下的深度学习	

任务2 人工智能的原理

人工智能的基本原理是机器学习，机器学习也是人工智能的核心，是使机器具有智能的根本途径。机器学习按学习形式分为有监督学习、无监督学习和半监督学习。

1 有监督学习

这种学习是给计算机大量带有标签的数据，依据各种算法，训练计算机能够识别这些数据，即需要利用训练模型来完成相关任务。完成学习的计算机就具有一定的智能，实现了能够根据过去的数据预测未来的结果功能。

2 无监督学习

无监督学习是计算机能够自动找出数据间的关联和特征，不再需要人工定义数据之间的规律和特征。这种学习需要大量数据，模拟人类大脑的数据处理机制，神经网络层数越多，计算越准确，这就需要云计算的支持，海量数据的计算对计算机性能要求也更高。

3 半监督学习

半监督学习是有监督学习和无监督学习相结合的学习方式，在少量带标签样本的引导下，能够充分利用大量无标签数据提高学习性能，避免了数据资源的浪费。

操作练习

请观察生活中接触到的或者上网搜索到的社会上不同工作领域中应用的人工智能产品，并把它们记录下来，填入表8-2。

表 8-2 人工智能产品

序号	你身边的人工智能产品	主要功能

任务3 体验人工智能

随着人工智能技术的不断发展，人工智能已经深入到人们生活的方方面面。目前，人工智能应用的领域非常广泛，如农业、通信、医疗、文化、交通、服务业、娱乐等方面。在现实生活中，也随处可以感受到人工智能为人们提供的各种服务。

1 智慧交通

交通是由人、车及环境等综合因素构成的，人工智能的加入，让交通变得更加智慧。智慧交通是通过无线传感技术和人工智能识别技术对人、车、物、基础设施等对象进行多维多时空的感知，增强交通管理机构的监控能力和准确度，提升现代城市交通管理的应急能力和服务能力。

操作练习

智慧交通有多种应用，电子警察就是其中一种，如图8-1所示。请上网搜索当地电子警察的分布图，查看有多少电子警察在进行实时监控，并提醒家人朋友注意道路交通安全。

图8-1 电子警察

2 智能客服

在利用网络获取相关服务时，人们经常会与在线客服人员进行沟通和交流。但实际上，与你交流的人并非都是真实的在线客服人员，很多时候和你对话的人是客服机器人，它们通过相应网站等环境进行学习，应用自然语言识别技术为用户提供服务。

3 智能家居产品

在人们的生活空间中，会发现越来越多的智能家居产品出现在日常生活中。每天早起，智能音箱会提醒你起床，智能灯带自动点亮，智能扫地机器人会进行打扫，出门时会用到智能门锁等。智能家居使生活智能化、人性化，也更加安全、方便，让人们享受舒适的生活环境。

操作练习

请上网搜索智能家居有哪些产品，并了解这些产品的工作原理，将产品名称、工作原理及主要功能填入表8-3。

表 8-3 智能家居产品

智能家居产品	工作原理	主要功能

4 智慧医疗

人工智能在医疗领域的应用有多个方面，在医院中，人们可以看到导诊的AI机器人，帮助进行康复治疗的外骨骼机器人等。人工智能在医疗上应用最多的是用于医疗诊断。例如，人工智能在对各种医学影像的识别有较强的优势，利用人工智能技术可以自动找到医学影像中的重点部位，进行比对分析，智能分析结果可以作为医生诊断的重要参考信息，有效减少误诊或漏诊。

操作练习

请根据以下操作步骤体验人工智能软件的应用。

1．打开智能音箱，与其进行沟通，并选取自己喜欢的音乐来播放。

2．手机智能识物：

①利用手机拍照，如花卉、树木或者自己喜欢的物品。

②打开浏览器，在浏览器搜索窗口点击扫码按钮，选择下面的“识物”按钮，可以拍照或上传已拍好的照片进行识物（不同型号手机，操作会有差异），如图8-2所示。

图8-2　手机智能识物

实训项目二

探寻机器人

实训目的

- 了解机器人的组成和发展过程；
- 了解机器人的应用；
- 正确理解人工智能带来的机遇与挑战。

实训内容

任务1　走近机器人

机器人是人工智能的一种应用，是一种能够模拟人类或其他生物行为或思想的自动控制机械。

1　机器人的组成

机器人的组成包括四个部分。

①机械机构：是机器人的本体，一般包括机身、机械手和移动机构，是机器人赖以完成任务的执行机构，执行驱动装置发出的系统指令。

②驱动装置：是机器人的动力系统，能够使机械机构运动的装置，按照控制系统发出的任务指令，借助于传动装置使机器人进行动作。

③传感装置：由内部和外部传感模块组成，为机器人提供内部和外部环境的检测信息，相当于机器人的眼睛和耳朵。它会实时检测机器人的运动及工作状态，将信息反馈给控制系统，保证机器人的动作符合预定的要求。

④控制系统：是机器人的指挥中心，相当于人的大脑或神经中枢。机器人的全部控制由微型计算机完成，向机器人发布任务指令，控制机器人各部位协调动作。

操作练习

请上网搜索智能机器人都安装了哪些传感器？并试着写出来。

智能机器人安装的传感器包括________________________________。

2 机器人的发展

按照机器人的发展水平，通常可分为三代，分别为示教再现型机器人、感觉型机器人和智能型机器人。

①第一代机器人为示教再现型机器人，通过读取事先编写的程序和信息来发出指令，重复相同的动作。

②第二代机器人为感觉型机器人，带有传感器，拥有类似人的力觉、视觉、触觉和听觉等，根据感知对外部环境的变化做出动作行为的调整。

③第三代机器人为智能型机器人，通过多种传感器和测量器来获取外部环境信息，可以进行复杂的逻辑推理、判断及决策，在变化的外部环境中利用智能技术进行识别和判断推理。

操作练习

请上网搜索，查找三代机器人的特征，并填入表8-4。

表 8-4　三代机器人特征

序号	名称	主要特征
第一代机器人	示教再现型机器人	计算机控制一个多自由度的机械，读取事先编写的程序和信息发出指令，重复相同的动作
第二代机器人	感觉型机器人	
第三代机器人	智能型机器人	

任务2 畅想未来世界

1 机器人的应用

机器人的分类有很多种，从应用环境来分类的话，可以分为两类：一类是工业机器人，另一类是特种机器人。

工业机器人是应用在工业领域制造环境中的机器人，如焊接机器人、装配机器人、喷涂机器人等，这类机器人常见为多关节机械手或多自由度机器人。

特种机器人应用于专业领域，用于非制造业并服务于人类。这类机器人一般由经过专门培训的人员进行操作或使用，用来辅助或代替人来完成任务，包括一些有危险或人类无法完成的任务，如图8-3所示。

服务机器人

工业机器人

水下机器人

图8-3　不同功能的机器人

操作练习

请上网搜索，查找特种机器人都有哪些种类？用于完成什么任务？

2 人工智能对社会的影响

（1）改善人类的生活

人工智能技术的快速发展，促使各种智能产品不断问世并融入人们的生活。比如，智能家居产品会使家居生活更加舒适安全；无人驾驶技术使人们的出行更加简单方便；无人超市、无人酒店、无人餐厅等，让消费者减少繁琐程序，自动结算，让购物、入住、就餐更加快捷方便。

（2）人工智能带来的社会担忧

人工智能技术的发展促进了经济发展，推动了社会的进步，但人工智能技术的发展，也引起了一些社会的争议。

①人工智能技术替代人类完成繁复的体力劳动，但人们担心人工智能产品会取代一些工作岗位，如安装岗位、快递分拣岗位等，如图8-4所示，致使劳动力市场产生

图8-4　快递分拣机器人

巨大震荡。在未来的社会发展中，一些高重复性的岗位，将会逐步被机器人取代，但也会应运而生一些新的工作岗位，人们应树立正确的思维方式和价值观，学习与智能产品和谐共处。

②人工智能在推动人类社会进步的同时，也许会威胁人类安全。随着人工智能技术和理论的高度发展，使人工智能产品具有自主推理和判断能力，在很多方面超越人类的表现，使人们担心是否会失去对人工智能的控制；或者人工智能被反人类或危害社会的人利用其进行违法犯罪。对此人们需要保持高度警惕，防范违法犯罪行为的发生，同时要注重侦破各种智能犯罪能力的培养。

操作练习

1. 请上网搜索“机器人三守则”，并将相关内容填入表8-5。

表 8-5　机器人三守则

序号	机器人三守则
第一条	
第二条	
第三条	

2. 在人们的生活和学习中，高性能的机器人会代替一些重复性的机械劳动岗位，但也会应运而生一些其他工作岗位。请上网搜索，看看会有哪些与智能产品相关的新兴工作岗位？将来人们是否能胜任这些工作岗位？

3. 请上网搜索“无人驾驶汽车”，了解无人驾驶汽车使用了哪些人工智能技术，并将查找结果填入表8-6。

表 8-6　无人驾驶汽车应用的人工智能技术

序号	无人驾驶汽车应用的人工智能技术

参考文献

[1] 高等教育出版社教材发展研究所．信息技术基础模块（上册）[M]．北京：高等教育出版社，2021.

[2] 高等教育出版社教材发展研究所．信息技术基础模块（下册）[M]．北京：高等教育出版社，2021.

[3] 闫寒冰．信息技术 必修1 数据与计算[M]．杭州：浙江教育出版社，2019.